# 用图表说话

## 如何简单有效地做数据分析

[日] 原隆志 著

张超泽 译

人民邮电出版社

北京

**图书在版编目（CIP）数据**

用图表说话：如何简单有效地做数据分析 ／（日）
原隆志著；张超泽译. —— 北京：人民邮电出版社，
2019.12（2022.11重印）
ISBN 978-7-115-51090-7

Ⅰ．①用… Ⅱ．①原… ②张… Ⅲ．①表处理软件—
应用—商业—分析 Ⅳ．①TP391.13

中国版本图书馆CIP数据核字（2019）第070081号

## 内 容 提 要

　　数据分析的本源是图表。不同的情况下使用哪种图表？不同类型的数据使用哪种收集方法？观看图表时的重点、陷阱又分别是什么？本书共分为5章，将原隆志先生在智库10多年调查分析的经验总结成文，系统讲解如何选择适合分析的图表及制作图表需要的数据类型和形式，如何统计并制作图表，如何从数据中看出趋势并进行比较分析，分析时的注意要点等知识点，最后一章还有七大常见场景下的实操案例可供读者借鉴与学习。

　　本书结构清楚，图表多样，实例丰富，实用性强，能帮助相关职场人士轻松、快速地学会数据分析，提高自身竞争力。

◆ 著　　　　［日］原隆志
　　译　　　　张超泽
　　责任编辑　郭　媛
　　责任印制　周昇亮

◆ 人民邮电出版社出版发行　　北京市丰台区成寿寺路 11 号
　　邮编　100164　　电子邮件　315@ptpress.com.cn
　　网址　https://www.ptpress.com.cn
　　涿州市京南印刷厂印刷

◆ 开本：700×1000　1/16
　　印张：8.75　　　　　　　　　　　2019 年 12 月第 1 版
　　字数：123 千字　　　　　　　　　2022 年 11 月河北第 11 次印刷

　　著作权合同登记号　图字：01-2016-5844 号

定价：49.80 元

读者服务热线：**(010)81055296**　印装质量热线：**(010)81055316**
反盗版热线：**(010)81055315**
广告经营许可证：京东市监广登字 20170147 号

# 前言

"希望简单快速地知道增长率、利润率高的产品。"

"想要辨别顾客满意度高以及再购买比率高的商品或与之相反的商品。"

"想了解营业负责人的销售额和成约率之间的联系。"

"想知道哪种性格的顾客会使商品更畅销。"

你一直关注的难道不是这些问题吗？

能解答这些问题的就是数据分析。

把数据分析等同于统计解析，这是很多人都会有的误解。确实，根据需要有时使用统计方法比较好，但说到底统计只是了解数据特征的工具之一。而数据分析是指把眼前的数据根据目的进行整理、表现或说明；并且，整理的方法和表现，无论对于谁来说都简单易懂，这才是有效的。

对此能提供帮助的是，用 Excel 制作直观易懂的表格。本人在智库（注：受政府、企业的委托进行调查研究，以无形的智力为资本的企业或研究机构）工作的数十年间，每天都和数据打交道。虽然由于时期不同，立场也不一样，但是"从大量数据中提取一些有用信息"这样的工作本质没有改变。"为什么其他人不用这种方法呢？"无论现在还是以前，我都会这样思考问题——数据分析的本源是图表。

根据图表进行直观的数据分析，本书将按照以下顺序对此方法进行讲解。

第 1 章和第 2 章：适合用数据分析实际工作的图表以及制作图表需要的数据。

第 3 章：实际制作图表时统计与图表化的顺序。

第 4 章：数据分析时数据的趋势及图表的要点。

第 5 章：实例介绍。

- 探寻畅销的主要原因（SNS 的促销活动）。
- 明确滞销的主要原因（会员制网络新闻网站）。
- 竞争者调查（会员制网络新闻网站）。
- 为制作宣传用的独家新闻进行的调查（杀毒软件公司）。
- 满意度调查（社交游戏）。
- 新服务的需求调查（电子商务网站高级会员制度的试销）。

如果本书能够为你在熟练使用数据分析方面提供些许帮助，本人将不胜荣幸。

## 免责

- 本书所记载的内容，仅以提供信息为目的。使用本书时，请读者务必根据自己的责任与判断使用。
- 本书所记载的内容中有已经出版过的文章，使用过程中根据需要有所改动。
- 由于软件版本升级，本书中所说明的功能内容和画面可能会与实际稍有差异。

## 关于商标、注册商标

正文中所记载的产品名称一般为相关各公司的商标或注册商标，并且正文中省略了™、® 等符号。

# 目录

## 第 1 章
# 选择适合分析的图表

## 第 2 章
# 根据想要制作的图表决定使用的数据种类和形式

# 第 3 章
# 统计与图表制作的顺序

# 第 4 章
# 图表中看出数据的趋势

# 第 5 章
# 用实例解读分析的要点

# 第1章
# 选择适合分析的图表

---

- 掌握符合目的的图表
- 适合实际分析工作的图表
- 适合向第三者进行说明的图表
- 一看便懂的图表的适应性和制约性

# 掌握符合目的的图表

在分析数据时，使用直观易懂的图表是非常有效的，但并不是随便使用任意图表都可以。图表分为很多种类，必须根据不同目的来灵活运用。

图表大致可以分为 2 类："适合实际分析工作的图表"与"适合向第三者进行说明的图表"。

## 适合实际分析工作的图表

适合实际分析工作的图表包括以下 5 种。

- 希望了解整体趋势以及想要同时比较多个数据系列的趋势，或推断多个数据系列间关系时→折线图。
- 想要比较 2 个数据系列或推断 2 个数据系列间关系时→散点图。
- 想要比较或推断 2 个数据系列之间的关系时→矩形图。
- 想要观察分布情况时→矩形图。
- 希望了解重要项目及其影响力时→帕累托图（ABC 分析法）。

其中，折线图能够广泛应用于各种类型的数据分析，散点图可以明确展示 2 组数据的差别或联系。本书主要使用这 2 种图表。

# 适合向第三者进行说明的图表

分析完毕，能够有效地向第三者传达分析结果的图表包括以下 3 种。

- 展示整体的详细内容、构成比时→饼图和条形图。
- 展示比较的项目时→柱形图。
- 展示同时比较的 3 个数据系列时→气泡图。

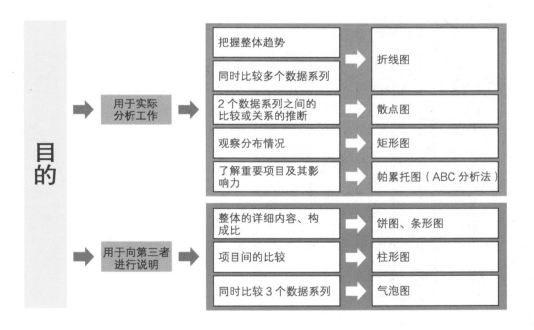

## 数据系列和项目

接下来将对各类图表进行说明，在此之前请先记住"数据系列"这个词。数据系列是指构成图表基础的数据，在 Excel 中经常被放在某一列中。比如，下图所示的是用"去年"这一数据系列制作成的折线图。

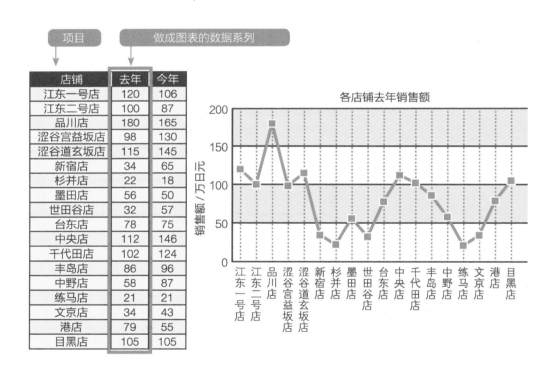

项目

做成图表的数据系列

| 店铺 | 去年 | 今年 |
|---|---|---|
| 江东一号店 | 120 | 106 |
| 江东二号店 | 100 | 87 |
| 品川店 | 180 | 165 |
| 涩谷宫益坂店 | 98 | 130 |
| 涩谷道玄坂店 | 115 | 145 |
| 新宿店 | 34 | 65 |
| 杉并店 | 22 | 18 |
| 墨田店 | 56 | 50 |
| 世田谷店 | 32 | 57 |
| 台东店 | 78 | 75 |
| 中央店 | 112 | 146 |
| 千代田店 | 102 | 124 |
| 丰岛店 | 86 | 96 |
| 中野店 | 58 | 87 |
| 练马店 | 21 | 21 |
| 文京店 | 34 | 43 |
| 港店 | 79 | 55 |
| 目黑店 | 105 | 105 |

各店铺去年销售额

# 适合实际分析工作的图表

## 能够广泛应用的折线图

适合实际分析工作的图表中，应用最广泛的是折线图。折线图尤其适用于想要通过全部数据系列来了解某些有顺序（时间序列、量的多少等）变化的趋势，比如"过去 10 年间，公司的营业额是否有增加的趋势？"等。

下图所示的是用会员制网站各时段的登录率制作成的折线图。显而易见，深夜登录率最高，到上午逐渐减少，之后又稍有增加。

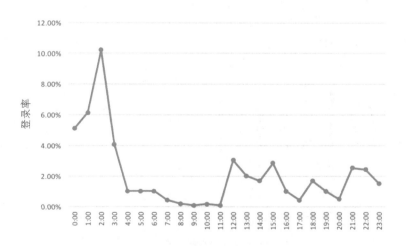

用会员制网站各时段的登录率制作成的折线图

能够把多个数据系列同时图表化是折线图的一大特征。

比如，想要比较各地区产品的销售额，把握销售额高、低地区的趋势，以研究改善对策和应该重点强化的地方。以此为例，每个地区绘制一条线，可以得到一个由多条线组成的折线图，然后就可以简单直观地把握每个地区的趋势。

一般来说，折线图、柱形图、累积柱形图、条形图作为可以同时比较多个数据系列的图表都经常被推荐使用。但是笔者认为，在实际工作中，折线图使用起来更加方便、简单易懂。

比如，下图所示的是根据某网络会员制网站的收入分类与男女会员人数制作的4种图表。

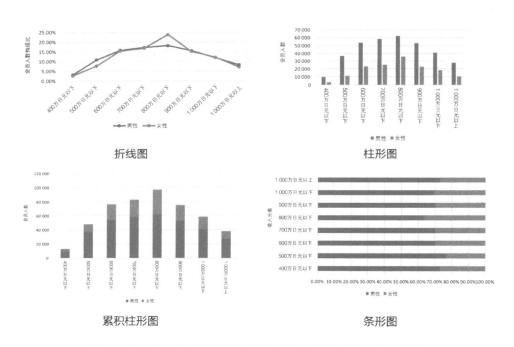

根据某网络会员制网站的收入分类与男女会员人数制作的4种图表

通过比较这些图表，可以看出最容易把握多个数据系列关系（在前面例子中指性别和收入分类）的是折线图。可以根据折线的弯曲程度把握整体趋势，如果有多条折线，可以通过比较折线的弯曲程度来比较相互之间的趋势，据此了解其相互之间的关系等。要想了解大体趋势，折线图能够很明显地看出其分布情况，这也是折线图的优点。因此，本书尽量不使用柱形图、累积柱形图或条形图。

一般来说，折线图多应用于横轴按一定顺序排列的情况，比如时间序列等。但并不拘泥于此，想要观察多个数据系列的关系或趋势的差异时也可以用折线图。

## 能够同时比较2个数据系列，并观察关系的散点图

"散点图"能够有效比较 2 个数据系列，推断 2 个数据系列之间的关系，比如，连锁店各店铺的销售额与利润率这样的数据。想要把 2 个数据系列的趋势在同 1 个图表中展示出来，使比较和推断关系变得简单，对以下 2 种情况很有帮助。

- 希望知道影响销售额的主要原因时。
- 希望知道销售额和利润率双高的物品时。

比如，想要知道销售额和利润率双高的咖啡馆连锁店的特征，以思考销售额和利润率均低店铺的改善对策。以此为例，如下图所示，把各店铺销售额与利润率制作成散点图，这样一眼就可以看出销售额与利润率双高的店铺（位于右上方象限的店铺）。

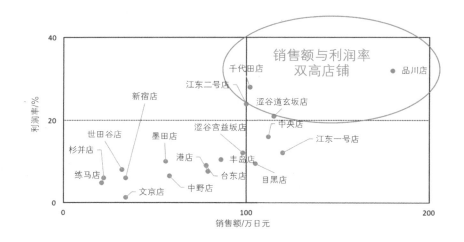

展示各店铺销售额与利润率的散点图

观察上面的散点图，从左下到右上倾斜分布的店铺中可以看出，销售额和利润率都有上升的趋势。

与本书后面将会介绍的气泡图相比，散点图更适合观察这种 2 个数据系列的关系（因果关系、影响等）；而气泡图适合同时展示 3 个数据系列的关系，所以就难以看出 2 个数据系列的关系。

## 能够观察分布情况的矩形图

把销售额或体重等连续的数值，按数值段划分，"哪一段的数值多呢？"知道这个之后，就能明白应该重点观察的范围了。比如种类同样齐全，不同店铺销售额差距很大时，一般认为可能是受选址、顾客层次以及店铺经营等因素的影响。与之相反，销售额的差距基本可以忽略不计时，一般认为受选址、顾客层次以及店铺经营等因素的影响比较小。

把连续数值按数值段划分，然后图表化，能够使整体趋势和分布情况一目了然的是矩形图。比如，下图所示的是把销售额 A 以 2 万日元为单位进行数值段划分来统计频率的矩形图。

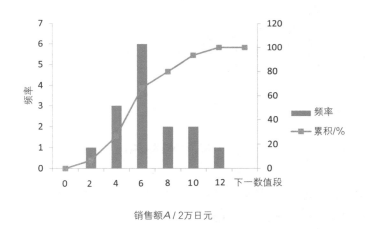

销售额 A / 2 万日元

把销售额以 2 万日元为单位进行划分来统计频率的矩形图

从图中可以看出，最左边 0 ～ 2 万日元范围之间有几个数据；从 2 ～ 6 万日元范围之间 2 个数值段的数据可以看出分布比较少；6 ～ 12 万日元范围之间稍微有一些分布。分析 2 ～ 6 万日元和 6 万日元以上这两个数值段之间的差异、产生分布的原因，有可能有助于思考使销售额增长的措施。

## 能够了解重要项目及其影响力的帕累托图
## （ABC分析法）

为了能够研究出有效的改善措施，应该从基础也就是影响大的地方着手，因此要使用帕累托图。比如，下图所示的是用各店铺的销售额制作成的帕累托图。

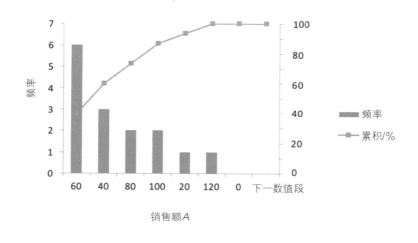

销售额 A 的帕累托图

从图中可以看出，销售额为 60 万日元的店铺最多，占整体的 40%，前三名（销售额分别为 60 万日元、40 万日元、80 万日元）占比超过整体的 70%。因此，改善这部分可以期待整体销售额有很大成效。

此外，还有把重要程度划分为 A、B、C 3 种程度来进行分析的 ABC 分析法。

# 适合向第三者进行说明的图表

折线图能够广泛应用于各种情况的数据，在实际分析工作中使用它会使工作变得高效。但是，在向第三者进行说明，比如做报告或演示时，使用能够有效展示重要信息与想要强调的部分，并且能够体现诉求力的图表比较好。

比如，下图所示的是用某会员制网站的各宣传活动中入会人数的构成比制作成的图表。折线图虽然也能够一目了然地看清构成比的多少，但饼图给人的视觉效果更强烈。只有线条的折线图缺乏视觉冲击力，而用面积展示构成比的饼图更具有诉求力。

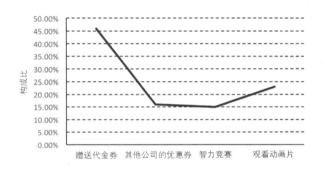 

用各宣传活动中入会人数的构成比制作的折线图和饼图

# 简单明了地展示构成比的饼图和条形图

## 1. 满足条件时饼图最美观。

　　向第三者进行说明时，强调占比高的事物就是重要的事物，论点要明确，避免引起误解、防止偏离话题等。比如，指出在公司销售额中占比很高的产品和店铺，讲解其重要性和理由时，使用一看便知的各个产品或店铺的男女销售构成比制作的饼图是很有效的。

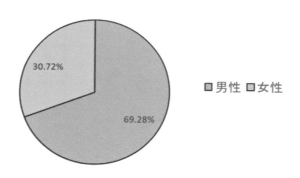

用男女的销售构成比制作成的饼图

　　但是，饼图不适用于分类项比例都在 10% 以下的数据。因为所占比例小，所以不能直观地把握数据的趋势。饼图适用于数值相差较大或项目数较少的情况。

　　在实际分析工作中，看饼图可以得到的信息，做成其他图表大多数也可以观察出来，所以不用特意制作成有很多限制条件的饼图。但是，从效果来看，满足条件时饼图最美观。

**2. 排列比较多个图表时使用条形图。**

条形图和饼图的效果一样，但是与饼图不同，在排列比较多个图表这方面两者是有差异的。与饼图相比，条形图更加适用于排列比较多个图表。

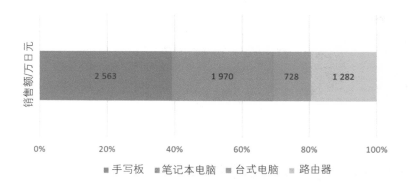

用各产品的销售额构成比制作的条形图

# 展示项目间差异的柱形图

查明问题的原因或思考改善措施时，分析差异很重要。分析销售额高的产品与销售额低的产品之间的差异，可以据此寻找原因、考虑改善对策。并且，在产品之间销售额基本没有差异的情况下，通过分析销售额与目标的偏离情况，能够寻找其原因、考虑改善对策。

使用柱形图，能方便地对销售额与地区、性别或年龄划分分别进行排列比较。所以，柱形图使项目间有多少差异变得明白易懂，有助于推断其原因、提出改善措施。比如，下一页中的图表是用顾客的收入分类与产品的销售额制作成的柱形图，方便排列、比较多个项目也是其特征。

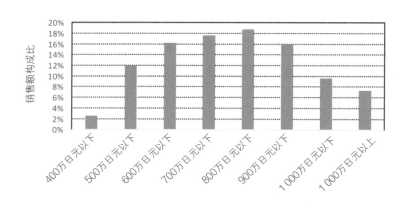

用各收入分类的销售额构成比制作的柱形图

## 能够比较3个数据系列的气泡图

在散点图的例子中，用"销售额"和"利润率"这 2 个数据系列制作成了值得注目的图表，假如在其中加入"销售额增长率"的话，就可以同时知道销售额呈增长趋势的店铺和销售额呈下降趋势的店铺分别有哪些。销售额和利润率相同的店铺，其趋势是在上升还是在下降呢？趋势不同，评价也会不同。

像这样想要同时比较 3 个以上数据系列的情况，就要使用气泡图。比如，下图所示的是用各电脑商店（本公司、A 公司、B 公司）产品的利润率和增长率制作的散点图，再用圆的大小表示销售额就成了气泡图。

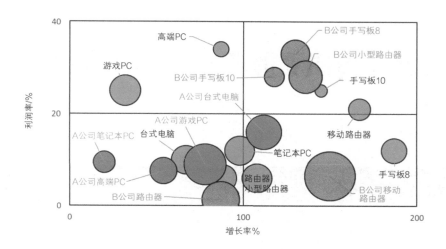

产品增长率、利润率、销售额 3 方面的气泡图

从上图中，一眼就能看到利润率、增长率、销售额这 3 方面都高的圆形。同样，这 3 方面都低的圆形也是一目了然。

虽然气泡图很方便，但如果信息量太多的话，有时会妨碍把握趋势的直观性，这一点需要注意。

# 一看便懂的图表的适应性和制约性

整理之前所介绍过的图表以及各图表的适应性之后，如下表所示。

| | 数据系列的数目 | | | | 特征 | | |
|---|---|---|---|---|---|---|---|
| | 1 | 2 | 3 | 4个以上 | 重复 | 重要项目 | 数据系列间的比较 |
| 折线图 | ◎ | ◎ | ◎ | ◎ | ◎ | ◎ | ◎ |
| 矩形图 | ◎ | × | × | × | × | ◎ | × |
| 帕累托图 | ◎ | × | × | × | × | ◎ | × |
| 散点图 | × | ◎ | × | × | × | ◎ | ◎ |
| 柱形图 | ◎ | ◎ | ◎ | ◎ | ◎ | ◎ | △ |
| 饼图 | ◎ | × | × | × | × | ◎ | × |
| 条形图 | ◎ | △ | △ | △ | × | ◎ | △ |
| 气泡图 | × | × | ◎ | × | × | ◎ | ◎ |

重复——有重复项目（不具有排他性）的情况下也可以图表化。比如，把持有的家电产品图表化时，因为一个人持有多件家电产品，所以不适合制作成饼图和条形图。

重要项目——重要的项目，即容易把握的影响力大的项目。

数据系列间的比较——能够比较多个数据系列，容易把握关系。

◎——适应；

×——不适应；

△——不太适应。

图表与特征一览表

由上表可以看出：饼图、条形图、散点图、气泡图、矩形图、帕累托图（ABC分析法）适用的场合是有限的；而适应性最强的是折线图，然后是柱形图。因此，要根据目的和适应性灵活运用图表。

其中必须要注意的是不具有排他性和有重复性的数据的图表化。因为数据中有重复，所以除柱形图和折线图以外，有多种选择的数据不适合制作成其他图表（如饼图、条形图、散点图等）。比如，各店铺的销售额数据互不重复，但是每位顾客选择了多种"喜欢的食物"，这里产生了重复，合计超过100%，所以不能制作成饼图或条形图。如下一章所述，因为是以定量的数据系列为前提，所以也不适合制作成散点图、气泡图、矩形图、帕累托图（ABC分析法）。

**第2章**

# 根据想要制作的图表决定使用的数据种类和形式

- 制作图表所需数据的种类和特征
- 收集数据

# 制作图表所需数据的种类和特征

## 数据的4个种类

第1章介绍了灵活使用图表的目的和与之相对应的图表,但是大多数情况下,并不是用给出的数据直接制作图表。一般需要先进行汇总处理,用汇总之后的数据制作图表。

在此之前,数据一概被称为"数据",但实际上数据分为几类,汇总和图表化时对数据的处理方法是不同的,大致可以分为以下2类。

- 质的数据→如地区、性别或产品名称等没有用连续的数值来表现的数据。
- 量的数据→如销售额或年龄等用连续的数值来表现的数据。

如下图所示,质的数据用于汇总时划分项目,量的数据是汇总的对象。

| 质的数据 | 量的数据 | |
| --- | --- | --- |
| 宣传活动 | 入会人数 | 入会人数占比 |
| 赠送代金券 | 62 815 | 46.00% |
| 其他公司的优惠券 | 21 849 | 16.00% |
| 智力竞赛 | 20 483 | 15.00% |
| 观看动画片 | 31 407 | 23.00% |
| 合计 | 136 554 | 100% |

质的数据与量的数据

根据特性，质的数据还可以细分为以下 2 类。

- 名义尺度→如地区、性别或产品名称等，在数值中没有意义，是不能计算的。
- 顺序尺度→如喜欢的东西的顺序等，在顺序中是有意义的，不能直接计算。

量的数据也可以再细分为以下 2 类。

- 比例尺度→如年龄、体重或销售额等，这样用连续数值表现的数据。
- 间距尺度→是用数值表现的，数值之间的差是有意义的数据。比如，有 5 个评价等级的满意度。

所以，数据的 4 个种类如下所示。

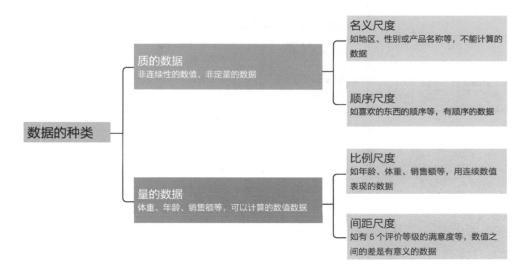

数据的 4 个种类

# 根据符合目的的图表决定需要的数据种类

图表自然而然地决定了需要的数据种类，归纳整理之后如下图所示。

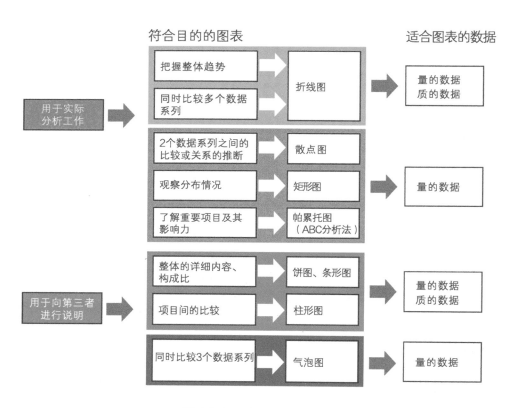

图表与合适的数据间的关系

大多数图表由量的数据和质的数据这 2 类制作而成，少数不是由这 2 类制作的。具体来说，由量的数据和质的数据制作而成的图表，经常以下面 4 种形式出现。

- 散点图。
- 气泡图。
- 矩形图。
- 帕累托图。

严格来说，散点图和气泡图与其他图表不同，因为数据是一一呈现在图表中的，同时质的数据也呈现了出来。整理之后，如下所示。

- 纵轴→量的数据。
- 横轴→量的数据。
- 各个点／圆→质的数据。
- 圆的大小→量的数据（仅限于气泡图）。

另外，也有折线图都是用量的数据制作而成的情况。比如，身高、体重、销售额等量的数据，按一定的间隔划分，制成图表就符合这种情况。

如果销售数据库中有以下 3 类数据，就能够制作成下面这样的图表。

- 名称为"地区"的质的数据（名义尺度）。
- 名称为"产品"的质的数据（名义尺度）。
- 名称为"销售额"的量的数据（比例尺度）。

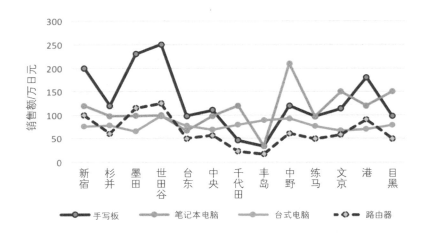

展示各地区、各产品销售额的折线图

想要利用竞争对手网站的数据，分析制作用来同时比较需求度和满意度的散点图时，需要以下数据。

- 名称为"需求度"的量的数据（间距尺度）。
- 名称为"满意度"的量的数据（间距尺度）。
- 名称为"网站名称"的质的数据（名义尺度）。

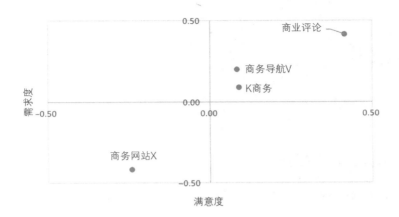

展示竞争对手网站的需求度与满意度的散点图

需求度和满意度也可以使用下面这 5 个评价等级。

- 有需求→ +2。
- 需求度较大→ +1。
- 需求度一般→ 0。
- 需求度较小→ –1。
- 没有需求→ –2。

基础数据可以通过问卷调查等方式来收集。

# 收集数据

## 收集数据的3个方法

汇总需要基础数据，一般来说，收集数据的方法大致有 3 种。

### 1. 使用已有的数据。

有时公司内部已经有顾客数据库或销售数据库等数据。这种情况下，只要用适合分析的形式整理数据，就能够进行数据分析了。

### 2. 获得新数据。

如果没有数据，则需要通过问卷调查等方式来获得新数据。这种情况下，在收集数据之前，必须设定合适的项目。制作新的顾客数据库或会员数据库以及重新分析已有数据时，都要按同样的步骤进行。

### 3. 利用统计。

有符合目的的政府机关统计或业界统计时，可以利用这些数据，这样的数据适合把握整体的趋势。比如，市场规模或调查对象为顾客的人数等这样的整体。

把这些统计和本公司的数据进行对比，有时能更深刻地理解其意义。比如，虽然本公司的销售额呈增长趋势，但业界整体的销售额增长更多，就未必能说是好的趋势了。如果没有政府机关或业界统计，这样的事情就不得而知了。

并且，统计也有助于了解自己所收集的数据与真实情况的偏差。比如，在进行顾客分析时，和一般的人口分布相比较，就可以知道本公司的数据存在多大偏差了。"30 岁左右的女性的购买力大"，有这样的数据时，日本全部人口中有很多 30 岁左右的女性和有极少 30 岁左右的女性时，很明显意义就不同。

## 使收集数据变容易的提问顺序

问卷调查、会员数据库等需要被调查者及会员自己填写信息时，必须注意提问顺序。

### 1. 相近的问题放在一起。

需要本人填写信息时，把相近的问题放在一起会使填写变得容易。比如，询问了兴趣之后，接下来询问与兴趣有关的详细内容。如果兴趣是电影的话，接下来就询问喜欢什么类型的电影或喜欢的演员，然后询问喜欢的理由、每月在电影上消费多少钱。如果按照这样的顺序提问，被调查者回答起来会相对容易。

收集数据时的提问顺序

## 2. 填写的内容要由简入难。

如果一开始就设置难度大的填写项目，被调查者可能会因为受挫而放弃填写。相反，从难度小的填写项目开始逐渐增加难度的话，即使中途遇到难度大的填写项目，也会有很多人想"好不容易填到这一步了，就填完吧"。

比如，在刚才关于电影的例子中，一开始设置"喜欢的类型"这种容易得到答复的问题，最后询问不太容易得到答复的"消费金额"。一般来说，关于金钱、住址以及电话号码等个人信息的问题是不太容易得到答复的，请记住这一点。

## 3. 提问顺序要按填写人员关心程度的高低来排列。

按照填写人员关心程度由高到低的顺序来设置问题的话，能够达到使人无法抗拒、继续填写的效果。

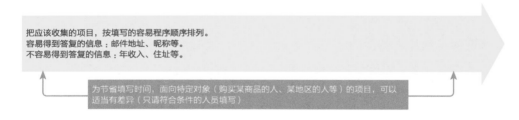

把应该收集的项目，按填写的容易程度顺序排列。
容易得到答复的信息：邮件地址、昵称等。
不容易得到答复的信息：年收入、住址等。

为节省填写时间，面向特定对象（购买某商品的人、某地区的人等）的项目，可以适当有差异（只请符合条件的人员填写）

收集填写人员关心程度由高到低排列的数据

比如，首先提问比较容易回答的性别等问题，接下来询问兴趣或购买行动等。尽可能使被调查者最后填写最不容易得到答复的年收入或住址等。

按由简入难的顺序排列问题来收集数据

## 防止回答出现偏颇的4个提醒

因提问的方式不同，有时会出现回答有失偏颇的情况，让我们逐一来看一下。

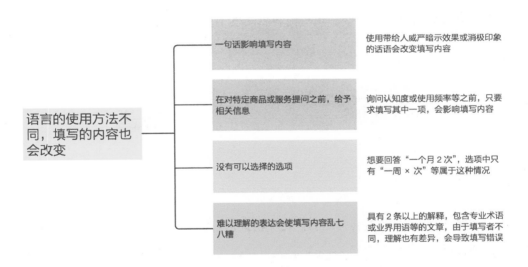

防止回答出现偏颇的4个提醒

**1. 警惕对填写内容有诱导作用的表达。**

"一般来说"。

"大多数人经常做……"。

"做……是好的"。

"最新的"。

即使是平时惯用的语言，有时也会对填写内容有诱导的作用。上面所给出的例句，就会给人带来一种所写内容是好的或是理所当然的事情的暗示（威严暗示效果）。

相反，"用邮件代替表达谢意的书信吧"中的"用……代替吧"给人一种消极的印象。稍微加上几个字，填写内容就发生了变化。

影响填写内容的只言片语

**2. 在对特定商品或服务提问之前，给予相关信息。**

在询问认知度或使用频率等的时候，在询问之前要求抄写有关此商品或服务的内容，虽然抄写的内容是客观存在的事实，但此举会对认知度和使用频率的填写内容产生影响。与所希望填写的内容相比，被调查者会无意中填写之前抄写的内容，所以对此必须要注意。

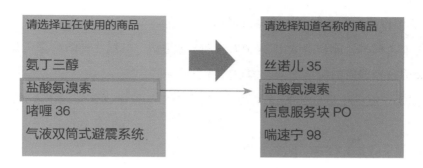

在对特定商品或服务提问之前，给予相关信息

**3. 防止出现"没有能够选择的选项"这种情况。**

　　想要被调查者填写使用频率等的时候，有必要注意选项的设置方法。选项只有以周为基准设置而成的"一周1次""一周2～3次""每天"的话，使用频率为一个月2次或一年几次的被调查者就会不知道应该选择哪个，因而无法做出回答。

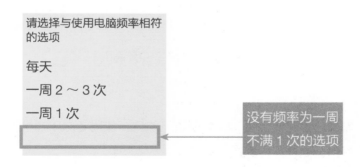

没有能够选择的选项

**4．不使用有多个解释的表达或专业术语。**

阅读文章时，能够解读出 2 种以上的含义的话，虽然 2 种解读都正确，但是根据被调查者选取的解读不同，填写内容也不一样。

比如，"在家电商店购买过电脑、手写板吗？"这个问句有以下 3 种回答。

- 在家电商店购买过电脑。
- 在家电商店购买过手写板。
- 在家电商店购买过电脑和手写板。

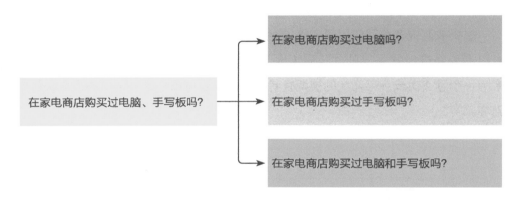

影响填写内容的只言片语

而且，如果包含专业术语（业界用语）的话，填写者因不理解而不填写或随意猜测后填写都会使填写内容产生偏颇。

# 第3章
# 统计与图表制作的
# 顺序

- 从统计中获得的信息
- 实施单一统计
- 实施交叉统计
- Tips　进行大量统计时使用专门工具

# 从统计中获得的信息

## 统计就是以一个观点来归纳数据

获得制作图表所需的数据之后，接下来就需要进行统计了。统计是以一个观点来归纳数据、用合适的图表尽可能地整理所获得的数据。统计之后可以知道整体的趋势或每个项目各自的趋势，能够制作出更加简单易懂的图表。

下表所示的是销售办公用易耗品的连锁店的年度销售额数据。

| 销售额编号 | 日期 | 店铺名称 | 项目编号 | 金额 | 销售额分类 |
|---|---|---|---|---|---|
| 1501001 | 2015/4/1 | 新宿总店 | PII0987 | 48 000 | 1 |
| 1501002 | 2015/4/1 | 涩谷宫益坂店 | P230091 | 128 000 | 1 |
| 1501003 | 2015/4/1 | 惠比寿西店 | T009001 | 24 800 | 1 |
| 1501004 | 2015/4/1 | 新宿总店 | P200199 | 56 000 | 1 |
| 1501005 | 2015/4/1 | 品川店 | PII0987 | 48 000 | 1 |
| 1501006 | 2015/4/1 | 涩谷宫益坂店 | PII0987 | 48 000 | 1 |
| 1501007 | 2015/4/1 | 新宿三号店 | PII0987 | 48 000 | 1 |
| 1501008 | 2015/4/1 | 新宿总店 | PII0950 | 18 000 | 2 |
| 1501009 | 2015/4/1 | 涩谷宫益坂店 | PII0987 | 48 000 | 2 |
| 1501010 | 2015/4/1 | 新宿总店 | PII0983 | 52 000 | 1 |
| 1501011 | 2015/4/1 | 新宿总店 | T009001 | 24 800 | 1 |
| 1501012 | 2015/4/1 | 涩谷一号店 | PII0987 | 48 000 | 1 |
| 1501013 | 2015/4/1 | 惠比寿东店 | PII0987 | 48 000 | 2 |
| 1501014 | 2015/4/1 | 新宿总店 | PII0987 | 48 000 | 1 |
| 1501015 | 2015/4/1 | 品川店 | PII0987 | 48 000 | 2 |
| 1501016 | 2015/4/1 | 惠比寿店 | T009001 | 24 800 | 2 |
| 1501017 | 2015/4/1 | 新宿二号店 | T009001 | 24 800 | 1 |
| 1501018 | 2015/4/1 | 新宿二号店 | PII0987 | 48 000 | 2 |
| 1501019 | 2015/4/1 | 新宿三号店 | T009001 | 24 800 | 2 |
| 1501020 | 2015/4/1 | 新宿二号店 | PII0987 | 48 000 | 1 |
| 1501021 | 2015/4/1 | 涩谷一号店 | P200199 | 56 000 | 2 |

销售办公用易耗品的连锁店的年度销售额数据

虽然知道每个店铺的销售额，但是不能掌握整体的趋势，也就不能制作图表。

统计各店铺的办公用易耗品年度销售额数值如下图所示。销售额为 0 的部分表示当时店铺还没有开始营业。

| | 2009 | 2010 | 2011 | 2012 | 2013 | 2014 |
|---|---|---|---|---|---|---|
| 新宿总店 | 320 | 350 | 400 | 240 | 230 | 220 |
| 新宿二号店 | 100 | 120 | 130 | 80 | 60 | 50 |
| 新宿三号店 | 0 | 0 | 0 | 260 | 340 | 360 |
| 涩谷一号店 | 120 | 130 | 150 | 160 | 120 | 110 |
| 涩谷宫益坂店 | 220 | 240 | 220 | 200 | 180 | 140 |
| 惠比寿店 | 0 | 110 | 160 | 180 | 220 | 200 |
| 惠比寿东店 | 0 | 0 | 110 | 140 | 160 | 220 |
| 惠比寿西店 | 0 | 0 | 0 | 0 | 150 | 200 |
| 品川店 | 320 | 350 | 380 | 390 | 320 | 300 |
| 品川二号店 | 0 | 120 | 130 | 160 | 230 | 240 |

各店铺办公用易耗品年度销售额的发展变化　单位：百万日元

把这些数据做成图表来看，可以看出各店铺办公用易耗品销售额的发展变化，但是难以看出整体的销售额是呈增加趋势还是减少趋势。

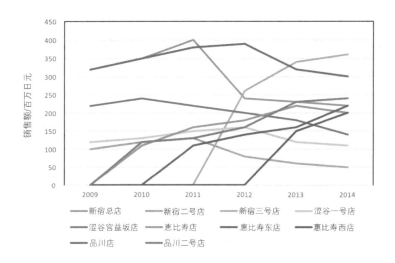

由各店铺办公用易耗品年度销售额的发展变化制作成的图表

为了观察整体的趋势，这次尝试统计所有店铺的合计。

| | 2009 | 2010 | 2011 | 2012 | 2013 | 2014 |
|---|---|---|---|---|---|---|
| 合计 | 1 080 | 1 420 | 1 680 | 1 810 | 2 010 | 2 040 |

所有店铺办公用易耗品销售额的年度发展变化　单位：百万日元

把统计后的合计制作成图表后，可以很明显地看出整体呈增长趋势。

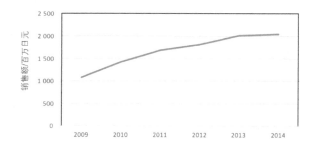

由所有店铺办公用易耗品合计的年度销售额发展变化制作成的图表

下面为观察各地区的趋势，尝试分地区统计，然后图表化。

| | 2009 | 2010 | 2011 | 2012 | 2013 | 2014 |
|---|---|---|---|---|---|---|
| 新宿区 | 420 | 470 | 530 | 580 | 630 | 630 |
| 涩谷区 | 340 | 480 | 640 | 680 | 830 | 870 |
| 品川区 | 320 | 470 | 510 | 550 | 550 | 540 |

各地区办公用易耗品年度销售额的发展变化　单位：百万日元

这样一来，各地区的变化就变得简单明了了。

如下图所示，涩谷区增长最快，品川区在 2013 ～ 2014 年期间呈下降趋势。

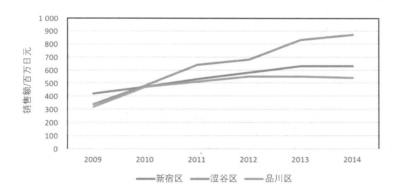

由各地区办公用易耗品年度销售额的发展变化制作成的图表

在刚才制作成的各店铺的图表中，能够同时观察整体的趋势，非常方便；但是，仅仅合计的数值就非常大，再这样原封不动地把合计的数值相加的话，制作出来的图表中线条的间距会比较远。

因此，用平均值代替合计，能够使之在同一个图表中体现出来。

| | 2009 | 2010 | 2011 | 2012 | 2013 | 2014 |
|---|---|---|---|---|---|---|
| 平均值 | 108 | 142 | 168 | 181 | 201 | 204 |

各店铺办公用易耗品平均销售额的年度发展变化　单位：百万日元

把平均值加入各店铺的图表中，能够很直观地看出，有的店铺销售额一直高于平均水平，有的店铺中途变得低于平均水平，也有的店铺中途超出平均水平。探究其缘由，就可能会发现问题或找到改善措施。

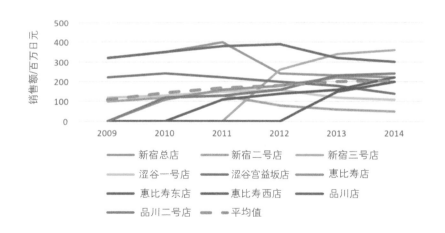

由各店铺办公用易耗品销售额的年度变化与平均值制作成的图表

# 由于想要制作的图表不同，统计的项目和方法也不一样

由于想要制作的图表不同，统计项目和统计方法的设定也不一样。

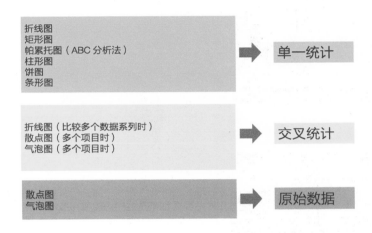

图表的种类与统计方法

## 1. 单一统计。

绘制折线图、矩形图、帕累托图、柱形图、饼图和条形图，是进行单一统计。所谓单一统计，是指单独对各个项目分类进行统计。比如在下一页中，关于不同性别顾客的电脑相关产品销售额的统计表和图表，就是单一统计。

| 性别 | 销售额 | 构成比 % |
|------|--------|----------|
| 男性 | 123 429 | 69.28% |
| 女性 | 54 728 | 30.72% |
| 合计 | 178 157 | 100.00% |

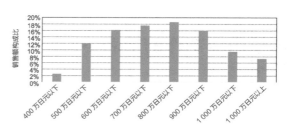

各收入分类的销售额构成比（柱形图）

| 收入分类 | 销售额 | 构成比 % |
|----------|--------|----------|
| 400 万日元以下 | 12 090 | 2.56% |
| 500 万日元以下 | 56 333 | 11.93% |
| 600 万日元以下 | 76 584 | 16.22% |
| 700 万日元以下 | 83 245 | 17.63% |
| 800 万日元以下 | 88 543 | 18.75% |
| 900 万日元以下 | 75 498 | 15.99% |
| 1 000 万日元以下 | 45 267 | 9.59% |
| 1 000 万日元以上 | 34 643 | 7.34% |
| 合计 | 472 203 | 100.00% |

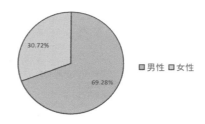

男性与女性的销售额构成比（饼图）

| 产品名称 | 销售额 | 构成比 % |
|----------|--------|----------|
| 手写板 | 2 563 | 39.17% |
| 笔记本电脑 | 1 970 | 30.11% |
| 台式电脑 | 728 | 11.13% |
| 路由器 | 1 282 | 19.59% |
| 合计 | 6 543 | 100.00% |

性别、各收入分类、各产品分类的统计结果

各产品的销售额构成比（条形图）

## 2. 交叉统计。

制作折线图比较多个数据系列时，是进行交叉统计。所谓交叉统计，是指把2个项目放在一起同时进行统计。

下图所示的是把收入分类与性别放在一起制作成的交叉统计表，通过把具有相同属性的基础项目放在一起，来体现属性的相互影响程度，这一点很重要。

| 收入分类 | 男性 | 女性 | 合计 |
|---|---|---|---|
| 400 万日元以下 | 9 672 | 3 627 | 13 299 |
| 500 万日元以下 | 36 616 | 11 267 | 47 883 |
| 600 万日元以下 | 53 609 | 22 975 | 76 584 |
| 700 万日元以下 | 58 272 | 24 974 | 83 245 |
| 800 万日元以下 | 61 980 | 35 417 | 97 397 |
| 900 万日元以下 | 52 849 | 22 649 | 75 498 |
| 1 000 万日元以下 | 40 740 | 18 107 | 58 847 |
| 1 000 万日元以上 | 27 714 | 10 393 | 38 107 |
| 合计 | 341 452 | 149 409 | 490 861 |

各性别、收入的会员人数

| 收入分类 | 男性 | 女性 | 合计 |
|---|---|---|---|
| 400 万日元以下 | 72.73% | 27.27% | 100% |
| 500 万日元以下 | 76.47% | 23.53% | 100% |
| 600 万日元以下 | 70.00% | 30.00% | 100% |
| 700 万日元以下 | 70.00% | 30.00% | 100% |
| 800 万日元以下 | 63.64% | 36.36% | 100% |
| 900 万日元以下 | 70.00% | 30.00% | 100% |
| 1 000 万日元以下 | 69.23% | 30.77% | 100% |
| 1 000 万日元以上 | 72.73% | 27.27% | 100% |
| 合计 | 69.56% | 30.44% | 100% |

各收入分类中，男性、女性占本收入的比例

| 收入分类 | 男性 | 女性 | 合计 |
|---|---|---|---|
| 400 万日元以下 | 2.83% | 2.43% | 2.71% |
| 500 万日元以下 | 10.72% | 7.54% | 9.75% |
| 600 万日元以下 | 15.70% | 15.38% | 15.60% |
| 700 万日元以下 | 17.07% | 16.71% | 16.96% |
| 800 万日元以下 | 18.15% | 23.70% | 19.84% |
| 900 万日元以下 | 15.48% | 15.16% | 15.38% |
| 1 000 万日元以下 | 11.93% | 12.12% | 11.99% |
| 1 000 万日元以上 | 8.12% | 9.96% | 7.76% |
| 合计 | 100% | 100% | 100% |

各性别中，每个收入分类占本性别的比例

上述交叉统计表中有 2 个构成比的表，第一个表是计算在每种收入分类中男女会员人数比例的，第二个表是计算在不同性别中每种收入分类的会员人数比例的。

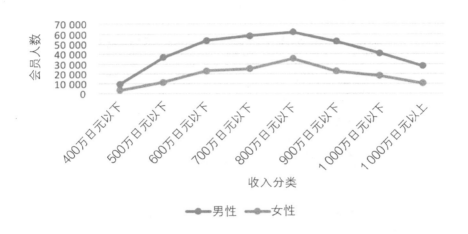

各收入分类、不同性别的会员人数（折线图）

### 3. 原始数据。

用量的数据制作散点图或气泡图时，不进行统计，直接把原始数据应用于图表中。并且，散点图和气泡图也可以使各项目分别进行交叉统计然后图表化。

**4. 统计的项目。**

　　统计的项目，多使用质的数据（不是地区、性别、产品名称等量的数据）。除此之外，也有如下表所示，把原本是量的数据，用一定的基准（此处以 100 万日元为单位）划分，作为项目使用，或使用本来为量的数据，但用具有 5 个评价等级为基准划分满意度或重要度这样的项目。

| 收入分类 | 男性 | 女性 | 合计 |
|---|---|---|---|
| 400 万日元以下 | 9 672 | 3 627 | 13 299 |
| 500 万日元以下 | 36 616 | 11 267 | 47 883 |
| 600 万日元以下 | 53 609 | 22 975 | 76 584 |
| 700 万日元以下 | 58 272 | 24 974 | 83 245 |
| 800 万日元以下 | 61 980 | 35 417 | 97 397 |
| 900 万日元以下 | 52 849 | 22 649 | 75 498 |
| 1 000 万日元以下 | 40 740 | 18 107 | 58 847 |
| 1 000 万日元以上 | 27 714 | 10 393 | 38 107 |
| 合计 | 341 452 | 149 409 | 490 861 |

不同性别与不同收入分类的会员人数

　　划分量的数据时，设置划分点很重要。

　　有政府机关的统计等外部可以信赖的标准时，收集关于年龄或收入这种基本属性的数据，能够掌握其与一般趋势之间的偏离程度。虽然是理所当然的事情，但往往容易只关心手头的数据而忘记一般的趋势，所以要格外注意。

# 实施单一统计

## 使用数据透视表进行单一统计

使用 Excel 进行单一统计的方法有很多，在这里介绍的是使用数据透视表的方法。

**1. 指定想要统计的范围，从菜单栏的"插入"中选择"数据透视表"（此处为 "B2：B98"）。**

2. 指定统计对象的项目（这里指"性别"），数值处选择"计数项：性别"，这样单一统计表就做好了。

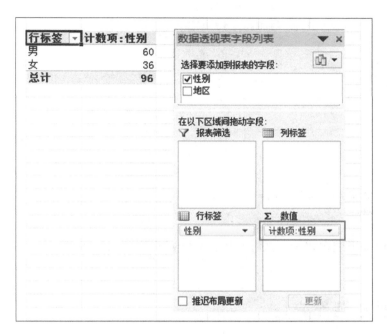

根据需要调整形状，图表就完成了。

## 柱形图、饼图和折线图的制作方法

在 Excel 中制作柱形图、饼图、折线图的步骤如下。

1. 选择图表化的范围（此处为"A1～B10"）。
2. 点击菜单栏中的"插入"，选择图表。
3. 把光标移动到想要制作的图表上，就会呈现图表化之后的图像，选择想要制作的图表。

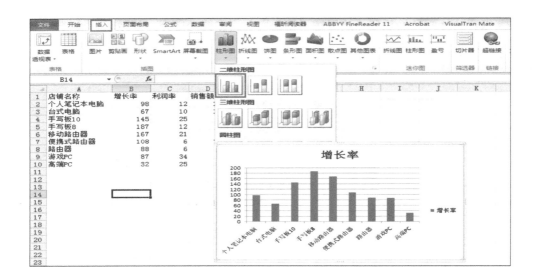

**4.** 在做好的图表中对大小或标题做适当的修改，方可完成图表。

# 直方图的制作方法

按下面的步骤操作可以制作出直方图。

**1.** 准备制作直方图所需的数据和数据区间（制作直方图，适用于1个矩形的数据范围）。

此例中，B2 ～ B19 单元格中是数据，D2 ～ D19 单元格中是数据区间。

**2.** 点击"数据"列表右端的"数据分析"，会出现"分析工具"的对话框，选择"直方图"，点击"确定"。

**3.** 指定数据和数据区间等，勾选"累计百分率""图表输出"，完成图表。

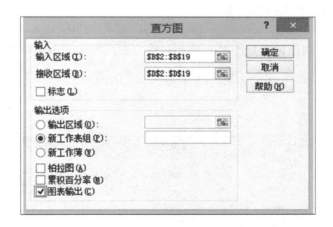

没有"数据分析"的情况下，请按以下步骤进行添加。

（1）点开"文件"列表，点击"选项"。

（2）在"加载项"界面中点击"转到"，进入"加载宏"界面。

（3）在"加载宏"界面中勾选"分析工具库"，点击"确认"。

点击"确认"，直方图就完成了。

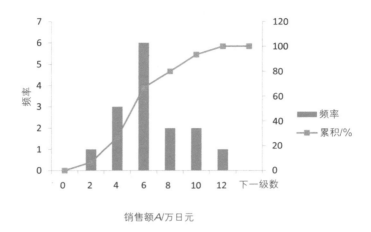

销售额 A/万日元

## 帕累托图的制作方法

在 Excel 中制作帕累托图的步骤和制作直方图的步骤基本一样。在制作直方图时的步骤 3 中，再同时勾选"帕累托图"（因版本不同，即下图的"柏拉图"）选项即可。

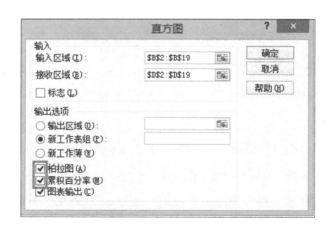

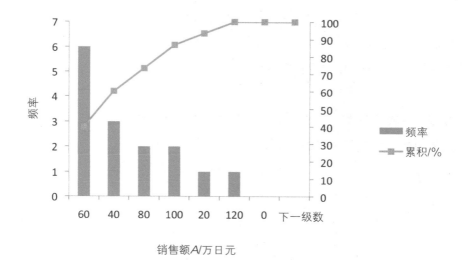

销售额A/万日元

# 实施ABC分析法

虽然和帕累托图大体相同，但 ABC 分析法还是有其自己的应用特点。ABC 分析法是一种把基于累积百分比的重要度划分为以下 3 个等级的图表。

- A →在 70% ~ 80% 之间的数据居多。
- B →在 80% ~ 90% 之间的数据居多。
- C →在 90% ~ 100% 之间的数据居多。

因为所给例子是根据销售额分布制作成的图表，所以各店铺没有按顺序排列。在 Excel 中按标准依次排列的不是帕累托图，而是按以下步骤图表化的呈现，能够制作出划分各个店铺重要程度的图表。

**1. 按销售额多少把数据做降序排列。选择想要排序数据的范围，点击"数据"菜单中的"排序"，勾选以下选项。**

- 主要关键字→销售额。
- 次序→降序。

| 店铺名称 | 销售额 |
|---|---|
| 涩谷宫益坂店 | 260 |
| 丰岛店 | 250 |
| 品川店 | 220 |
| 江东二号店 | 180 |
| 目黑店 | 150 |
| 中野店 | 57 |
| 港店 | 55 |
| 涩谷道玄坂店 | 54 |
| 江东一号店 | 52 |
| 千代田店 | 48 |
| 杉并店 | 47 |
| 世田谷店 | 22 |
| 中央店 | 20 |
| 台东店 | 19 |
| 新宿店 | 18 |
| 文京店 | 15 |
| 墨田店 | 12 |
| 练马店 | 12 |

**2. 因为销售额图表按降序排列会发生改变，所以要重新添加累积构成比的列。**

| 店铺名称 | 销售额 | 累积构成比 | 分组 |
|---|---|---|---|
| 涩谷宫益坂店 | 260 | 17.44% | A |
| 丰岛店 | 250 | 34.21% | |
| 品川店 | 220 | 48.96% | |
| 江东二号店 | 180 | 61.03% | |
| 目黑店 | 150 | 71.09% | |
| 中野店 | 57 | 74.92% | B |
| 港店 | 55 | 78.60% | |
| 涩谷道玄坂店 | 54 | 82.23% | |
| 江东一号店 | 52 | 85.71% | |
| 千代田店 | 48 | 88.93% | |
| 杉并店 | 47 | 92.09% | |
| 世田谷店 | 22 | 93.56% | C |
| 中央店 | 20 | 94.90% | |
| 台东店 | 19 | 96.18% | |
| 新宿店 | 18 | 97.38% | |
| 文京店 | 15 | 98.39% | |
| 墨田店 | 12 | 99.20% | |
| 练马店 | 12 | 100.00% | |

**3. 从菜单栏的"插入"中选择"复合图表",图表就完成了。**

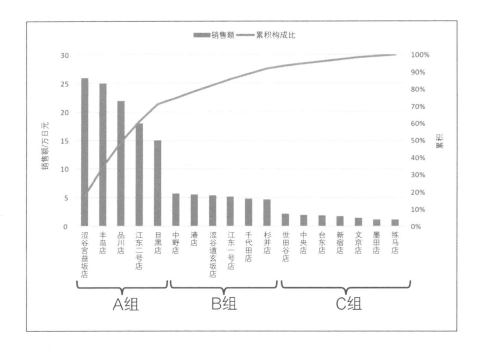

# 实施交叉统计

## 使用数据透视表进行交叉统计

进行交叉统计时也要使用数据透视表，在这里介绍的是统计性别和地区。

**1. 选中想要统计的范围，从菜单栏的"插入"中选择"数据透视表"。**

**2. 确定以下信息后，会自动生成如图所示的交叉统计表。**

- 行→地区。

- 列→性别。

- 数值→数据的个数。

| 计数项:性别 | 列标签 ⤵ | | |
|---|---|---|---|
| 行标签 ▾ | 女 | 男 | 总计 |
| 葛饰 | 0 | 5 | 5 |
| 江东 | 3 | 2 | 5 |
| 涩谷 | 8 | 7 | 15 |
| 新宿 | 5 | 11 | 16 |
| 世田谷 | 3 | 5 | 8 |
| 千代田 | 1 | 7 | 8 |
| 大田 | 6 | 2 | 8 |
| 中央 | 4 | 3 | 7 |
| 品川 | 0 | 5 | 5 |
| 丰岛 | 0 | 6 | 6 |
| 北 | 5 | 0 | 5 |
| 目黑 | 1 | 7 | 8 |
| **总计** | **36** | **60** | **96** |

　　这个例子统计了 Excel 工作表中的数据，但是制作数据透视表时，可以指定"使用外部数据源"，从外部的数据库中导入数据进行统计。

　　指定"使用外部数据源"时，会弹出选定文件的对话框，在对话框中可选定包含想要统计数据的数据库。

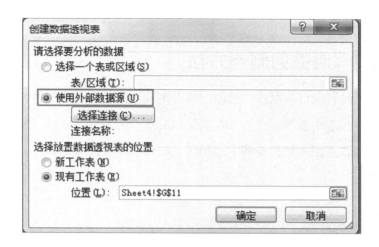

# 散点图和气泡图的制作方法

根据交叉统计表可以制作折线图、散点图和气泡图。折线图的制作方法，已经在单一统计小节中进行了说明，在这里只对散点图和气泡图的制作方法进行介绍。气泡图和散点图的制作步骤大致相同，与柱形图或折线图相比，制作方法稍微有些复杂。

## 1. 选择图表化的范围。

在这个例子中，选择图表化的范围时不包含 A1 单元格的"产品名称"，选择 B1 ～ D10 之间的单元格。这时，"销售额"就决定了圆形气泡的大小。

想要制作一般的散点图时，选择 B1 ～ C10 之间的单元格。

|  | A | B | C | D |
|---|---|---|---|---|
| 1 | 产品名称 | 增长率 | 利润率 | 销售额 |
| 2 | 个人笔记本电脑 | 98 | 12 | 120 |
| 3 | 台式电脑 | 67 | 10 | 115 |
| 4 | 手写板10 | 145 | 25 | 22 |
| 5 | 手写板8 | 187 | 12 | 85 |
| 6 | 移动路由器 | 167 | 21 | 66 |
| 7 | 便携式路由器 | 108 | 6 | 120 |
| 8 | 路由器 | 88 | 6 | 107 |
| 9 | 游戏PC | 87 | 34 | 35 |
| 10 | 高端PC | 32 | 25 | 130 |

2. 点击菜单栏中的"插入"，然后点击"其他图表"会出现各种图，选择"气泡图"。想要制作一般的散点图时，选择"散点图"即可。

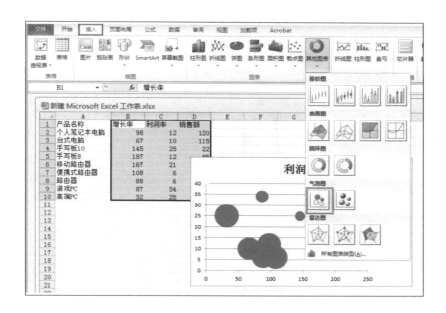

完成后的图表中，每个气泡（散点图中的点）都没附带写有产品名称的标签，每个气泡都附带产品名称标签会使图表浅显易懂，所以在做好后的图表中尽量附带产品名称标签。

3. 点击图表右侧的"图表元素"，单击勾选"图表元素"中的"数据标签"。

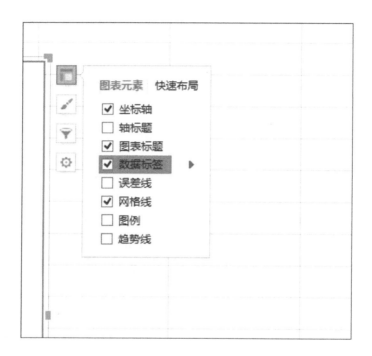

4. 操作到这一步时，出现的还不是"产品名称"。然后在气泡或圆点上右击，
   会呈现"数据标签的格式设定"。

5. 在"设置数据标签格式"中点击"选择数据",就会出现"选择数据源"对话框。在对话框中点击"切换行/列"按钮,对换行与列,然后在"图例项(系列)"栏目框中选择"系列1",并点击"编辑",就会进入"编辑数据系列"对话框,选择填有产品名称的单元格,如"个人笔记本电脑"对应的A2单元格。这样气泡(散点图中的点)就会附带上写有产品名称的标签。

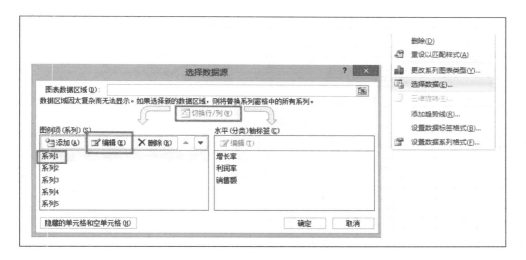

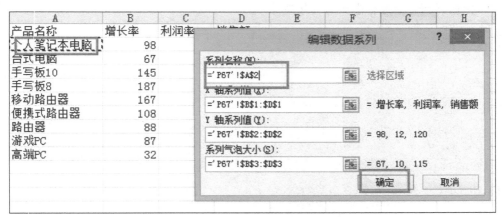

6．这样操作，不仅让气泡（散点图中的点）附带"产品名称"，数值也会呈现出来。右击弹出"数据标签的格式设定"对话框，取消"Y值"的勾选。

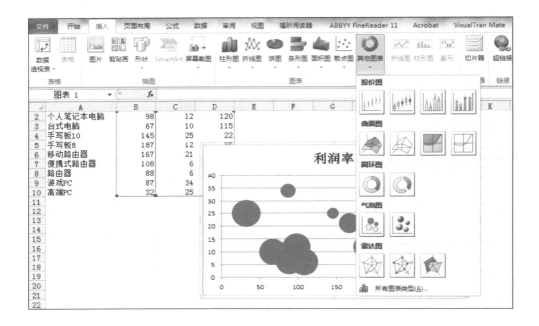

7．根据需要，添加标题或轴标签等。

> **Tips　进行大量统计时使用专门工具**
>
> 　　本章介绍了用 Excel 进行统计的方法，但是同时进行大量统计、制作很多统计表时，使用专门工具效率会高很多。比如，最初应用于根据大量数据制作统计表和图表的 SPSS、SAS 等统计工具，现在也拥有统计解析功能和图表制作功能。如果要经常进行统计，考虑引入工具比较好。
>
> 　　另一方面，细心地制作、导入一个又一个图表的工作时，Excel 能够帮助用多种选项制作各种各样的图表。

# 第4章

# 图表中看出数据的趋势

---

- 分析是指看出数据的趋势
- 观察单个数据系列的趋势
- 比较多个数据系列
- 分析时的注意事项

# 分析是指看出数据的趋势

图表做好后，终于要进行数据分析了。要问分析是什么，分析就是看出数据的趋势。要想看出数据的趋势，就有必要梳理数据的特征和变化。

"某个数据的趋势是增加了，还是减少了呢？"
"各分类之间有差异吗？"

需要明确这些问题。

由于需要处理的数据种类（量的数据、质的数据）不同，所使用的分析方法也不一样。分析方法有很多种，在这里分别进行说明，如下图所示。

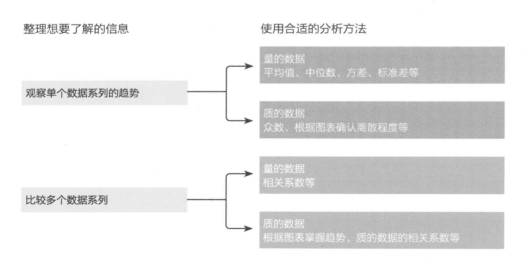

整理想要了解的信息　　　　　　　　　使用合适的分析方法

观察单个数据系列的趋势
量的数据
平均值、中位数、方差、标准差等

质的数据
众数、根据图表确认离散程度等

比较多个数据系列
量的数据
相关系数等

质的数据
根据图表掌握趋势、质的数据的相关系数等

需要处理的数据与合适的分析方法

# 观察单个数据系列的趋势

观察单个数据系列的趋势时，即使把数据排列来看，也不能观察出数据的趋势。在一些方法中，如果能够用 1 个数值代替整体特征就非常方便了。这 1 个数值是指观察全部数据时最普通的数值，称为代表值。

## 量的数据中经常使用的代表值"平均值"的陷阱与对策

量的数据中经常使用的代表值是平均值。平均值是把全部数据加起来，除以数据的个数得到的。需注意使用平均值也会有陷阱，如下图所示。

| 销售额 A | 销售额 B |
|---------|---------|
| 14 | 32 |
| 24 | 45 |
| 18 | 336 |
| 18 | 25 |
| 19 | 28 |
| 19 | 36 |
| 29 | 30 |
| 18 | 38 |
| 15 | 42 |
| 12 | 24 |
| 16 | 26 |
| 19 | 26 |
| 13 | 22 |
| 15 | 23 |

单位 / 千日元

| | 销售额 A | 销售额 B |
|---|---------|---------|
| 平均值 | 17.79 | 52.36 |
| 方差 | 19.87 | 6 717.02 |
| 标准差 | 4.46 | 81.96 |
| 最大值 | 29.00 | 336.00 |
| 最小值 | 12.00 | 22.00 |
| 中位数 | 18.00 | 29.00 |
| 第 1 四分位数 | 15.00 | 25.25 |
| 第 3 四分位数 | 19.00 | 37.50 |

销售额与统计数值

如销售额 B，数据中只有 1 个异常大的数值的话，它就会成为特殊的数值。观察销售额 B 的数据可以看出，大多数为 2 万日元左右，但是平均值约为 5.2 万日元，两者有很大的偏差。

有这样的异常值时，可以使用不易受异常值影响的中位数。所谓中位数，是指数据按大小顺序排列时，其位次处于正中间的数值。因此，使用中位数时，即使包含异常大的数值，也不容易受其影响。

另外，因为没有异常值的销售额 A 偏差较小，所以平均值和中位数非常接近。

## 不仅要注意代表值，还要关注离散程度

代表值表示的是普通的数值，只看普通数值有时候也会出问题。因为即使是拥有相同平均值的数据系列，也分为数据的值分布零散和分布集中于平均值附近这 2 种情况。

比如，销售额的离散程度较小的话，把焦点放在平均销售额上考虑的对策能够适用于大多数店铺。但是，如果离散程度较大，销售额接近平均值的店铺不是很多的话，就有必要单独考虑对策了。

有几个数值可以作为了解离散程度的线索。

### 1. 方差和标准差。

数据的离散程度用方差和标准差两个统计数值来表现。它们是表现平均值与每个数据偏离程度的数值，数值越大越分散，通常取正值。方差是由平均值与实际数据之差的平方求出来的，标准差是方差的平方根。全部数据的 68% 在平均值减去标准差得到的数值与平均值加上标准差得到的数值范围内，全部数据的 95% 在平均值加减标准差的 2 倍的范围内。

从前面的表中可以看出，与销售额 B 相比，销售额 A 的数据更加集中。

## 2. 第1四分位数和第3四分位数。

有异常值的情况下应使用中位数，但是这种情况下离散的程度应用第 1 四分位数和第 3 四分位数来表示。从小到大按顺序排列数据时，在 25% 位置处的数值是第 1 四分位数，在 75% 位置处的数值是第 3 四分位数。如果 2 数之差大，仅此就可以确定离散程度也高。从之前表中的销售额 B 可以看出，其离散程度非常高。

## 3. 最大值与最小值。

数据的最大值与最小值也可以成为观察数据分布时的基准。比如，了解平均销售额 5.2 万日元的情况下标准差是 81.96 之后，就可以知道离散程度以及全部数据的 95%（平均值加减标准差的 2 倍）在 21.6 万日元以内；还可以了解到在最大值 33.6 万日元以内包含了全部数据。

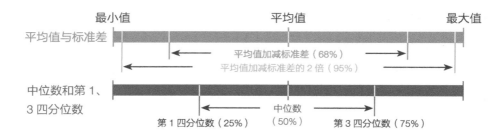

平均值与标准差、中位数与第 1、3 四分位数的关系

在 Excel 中，各个数值都能用公式计算出来。

- 平均值→ =AVERAGE（范围）。

- 方差→ =VAR（范围）。

- 标准差→ =STDEV（范围）。

- 中位数→ =MEDIAN（范围）。

- 第 1 四分位数→ =QUARTILE（范围，1）。

- 第 3 四分位数→ =QUARTILE（范围，3）。

- 最大值→ =MAX（范围）。

- 最小值→ =MIN（范围）。

## 质的数据的离散程度做成图表直观易懂

利用量的数据，能够计算平均值或方差等，但仅有质的数据，不能计算代表值。比如，东京或埼玉等地区名称本身不能进行加法、除法等计算。

在质的数据中能够作为代表值应用的是最频值（众数）。如其字面意思，众数是指出现次数最多的数据。比如在销售额中，出现次数最多的地区就叫作众数。换句话说，进行单一统计时，最大的项目就是众数。

在 Excel 中有计算众数的函数，然而这个函数是用来计算量的数据的众数的，不能计算质的数据的众数。但是做成图表来看的话，能够直观地了解其离散程度。

下图所示的是关于会员制网站的入会登录时输入错误发生项目的统计。如下图所示，错误集中于姓名（平假名）和邮政编码 2 个项目。

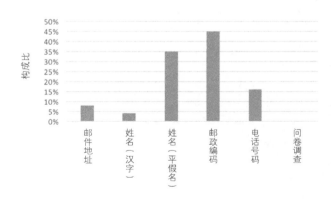

关于会员制网站的入会登录时发生错误项目的柱形图

下图所示的是会员制网站的各地区平均年龄的折线图，从中能够看出每个地区年龄的离散情况。江户川区和葛饰区的平均年龄超过了 60 岁，但是涩谷区和新宿区的平均年龄为 30 岁左右。

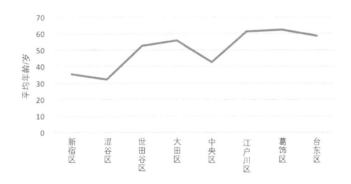

表示会员制网站各地区平均年龄的折线图

# 比较多个数据系列

在工作中，比较多个店铺的销售额、不同产品的销售额等多个数据系列是很常见的。这种情况下，就不能观察和使用单个数据系列趋势一样的方法了。大概需要使用以下 2 种方法。

- 观察构成比、同比、预实比。
- 观察相互关系。

## 观察构成比

比较多个数据系列时，用实际数字比较，会出现大数值或小数值难以比较的问题。比如，下图所示的是根据数据统计软件及其选装软件销售额的年度发展变化的实际数字制作的图表。

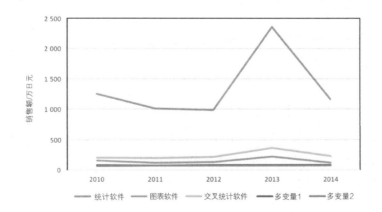

根据数据统计软件及其选装软件销售额年度发展变化的实际数字制作的图表

因为数据统计软件主体部分的销售额很高，选装软件的销售额线条基本重合在一起，所以不能很好地看出数据的趋势。

这里使用的是构成比，可以用以下公式进行计算。

**构成比=部分÷整体×100%**

把构成比图表化之后来看，其变化情况就变得简单易懂了。

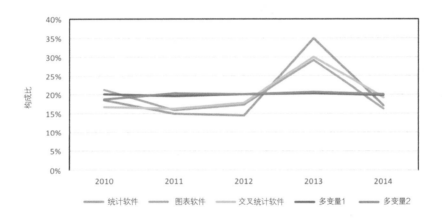

把数据统计软件及其选装软件的销售额年度发展变化用构成比来体现的图表

2013 年，数据统计软件主体部分以及图表选装软件、交叉统计选装软件的构成比都是增加的。因为在这一年版本升级了，这可以看作是版本升级的效果。相反，多变量 1 和多变量 2 并没有受到什么影响。

这种情况下，以构成比中各产品 5 年间的总销售额作为参数，使用每年销售额的平均值。因为使用这个数值，能够制作出体现该产品销售额变化的图表。

相反，观察数据统计软件相关的销售额整体的构成比的变化时，不是用产品销售额本身，而是用每年的总销售额为参数的比率制作图表。

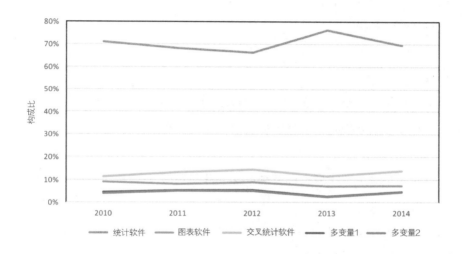

用与数据统计软件相关的每年总销售额作为参数的比率制作的折线图

这里需要注意的一点是，2013 年图表选装软件和交叉统计选装软件的构成比是降低的。这是因为版本升级后数据统计软件主体部分的销售额增加了，作为实际数字，销售额呈增加趋势的图表选装软件和交叉统计选装软件与数据统计软件主体部分相比增加率较低。单看图表的话，可能会产生"图表选装软件和交叉统计选装软件的销售额减少了"这种误解，需要注意对这种构成比的理解。

# 观察同比、预实比

实际工作中，经常会有在年度数据库中比较 2 组数值的情况。因为只看一年的数值，没有评价其好坏的基准；通过在年度数据库中比较数据，就可整理出可圈可点的方面和应该重新思考的方面。因此，使用的是同比（去年比）或预实比（预算与实际业绩对比）。

## 1. 同比。

同比（去年比）是上一年度和本年度数值的比较，以上一年度为标准评价本年度，明确变好的方面与变坏的方面。可以用下面的公式进行计算。

**同比=本年度实际业绩÷上一年度实际业绩×100%**

比如，下表所示的是某公司数据统计软件及其选装软件的销售额，从中可以看出数据统计软件的销售额增长非常快。

| 产品名称 | 本年度 | 去年度 | 同比 |
|---|---|---|---|
| 统计软件 | 2 360 | 980.5 | 240.69% |
| 图表软件 | 220 | 130 | 169.23% |
| 交叉统计软件 | 360 | 213 | 169.01% |
| 多变量 1 | 81 | 80 | 101.25% |
| 多变量 2 | 77 | 75 | 102.67% |
| 合计 | 3 098 | 1 478.5 | 209.54% |

数据统计软件销售额的同比　单位：万日元

2 个年度的销售额用柱形图表示,同比用折线图表示,可以制作出下图这样简单易懂的图表。第 3 章中也提到过,Excel 有能制作复合图表的功能。复合图表是指像这样把柱形图和折线图复合在一起做成的图表。

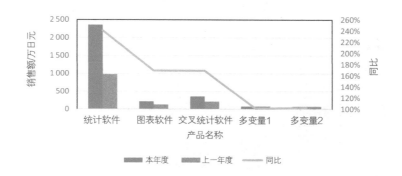

由数据统计软件的同比制作的复合图表

## 2.预实比。

预实比(预算与实际业绩的对比)是以预算为标准来评价实际业绩的。用下面的公式可以进行计算。

**预实比=实际业绩÷预算×100%**

下图为预实比图表。

| 产品名称 | 实际业绩 | 预算 | 预实比 |
|---|---|---|---|
| 统计软件 | 980.5 | 900 | 108.94% |
| 图表软件 | 130 | 150 | 86.67% |
| 交叉统计软件 | 213 | 200 | 106.50% |
| 多变量 1 | 80 | 100 | 80.00% |
| 多变量 2 | 75 | 100 | 75.00% |
| 合计 | 1 478.5 | 1 450 | 101.97% |

数据统计软件的年度预实比 单位:万日元

这里也和同比一样进行图表化，通过对比预算和实际业绩，可以清楚已经完成的目标（这里指统计软件、交叉统计选装软件和整体的合计）和没有完成的目标。在此基础上可以探寻未完成的原因、重新考虑预算设置的妥当性等。

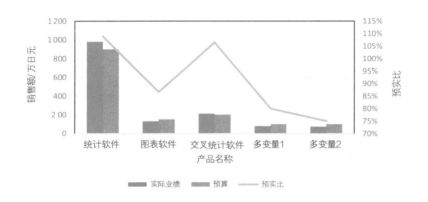

由数据统计软件年度销售额的预实比制作的复合图表

## 观察相关关系

比较多个数据系列时，要注意观察联系（相关关系）。如果呈现相同的趋势（或完全相反的趋势），就能够说有相关关系，也可以说没有不相关的情况。比如，一组数据增加时，能够看出其他数据也呈增加或减少趋势的话，一般认为2组数据之间有相关关系。

制作散点图时，一般认为图表中在同一条直线上排列的点之间有很大的联系。比如，下图所示的是根据手写板和笔记本电脑的销售额数据制作的图表。看起来不在一条直线上排列的点，好像没有什么关系。

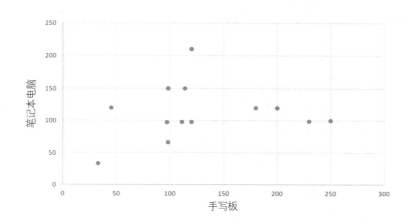

展示手写板和笔记本电脑销售额的散点图　单位：万日元

观察相关关系时，需要注意量的数据和质的数据之间的不同。接下来我们分别来看。

### 1．拥有量的数据的情况下。

拥有量的数据的情况下，能够比较多个数据系列，计算相关关系的强弱。用来表示相关关系强弱的数值叫作相关系数。

在 Excel 中，用 CORREL 函数能够计算相关系数。下图所示的是计算出了手写板和笔记本电脑的销售额的相关系数。

| 手写板 | 笔记本电脑 |
| --- | --- |
| 200 | 120 |
| 120 | 98 |
| 230 | 99 |
| 250 | 100 |
| 98 | 66 |
| 111 | 98 |
| 45 | 120 |
| 33 | 33 |
| 120 | 210 |
| 97 | 97 |
| 114 | 150 |
| 180 | 120 |
| 98 | 150 |

相关系数：0.140 598 29

手写板和笔记本电脑的销售额的相关系数

一般使用的相关系数，在 1 和 -1 之间取值。数值离 0 越远，相关关系越强；数值离 0 越近，相关关系越弱。负数时，表示成反向关系（其中一组数据增加，另一组数据就会减少）。相关关系很强时，知道 2 组数据中的其中一组，就可以推断出另一组。

相关关系和因果关系看起来相似，但实际上是不同的，这一点需要注意。因果关系是原因和结果的关系，是相关关系中的其中 1 种；并且可以说因果关系是相关关系的充分条件，相关关系是因果关系的必要条件。比如，气温和冰激凌的销售数量这一关系中，既包含相关关系又包含因果关系；而一般认为冰激凌和冰咖啡的销售数量关系中包含相关关系，但不包含因果关系（因为气温上升后两种商品的销售数量都增加了，在计算上相关系数就变大了）。不能因为有相关关系，就能够说有因果关系。

## 2. 拥有质的数据的情况下。

质的数据，也和量的数据一样，有相关这种概念，特点是计算相关系数时稍微复杂些。但是，可以用制作图表这种简便的方法来确认相关的程度。

下图所示的是根据某会员制网站各新闻类别、周一至周日每天的会员登录率制作成的折线图。折线的弯曲程度有相似的，也有不相似的，可以说弯曲程度相似的有相关关系。

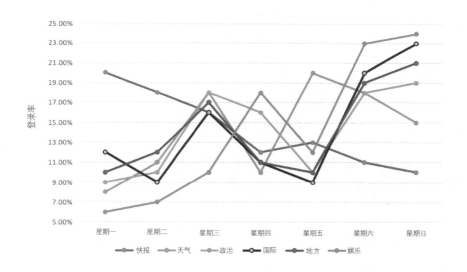

根据会员制网站各新闻类别、周一至周日每天的会员登录率制作的折线图

虽然和量的数据一样，质的数据也能够计算相关系数，并且有几个计算的方法，但是用 Excel 计算的话过程比较复杂。通过看图表判断相关系数是应用广泛而且很便捷的方法。

# 分析时的注意事项

分析数据得到的结果，有时会和平时的直觉迥然不同。人的感觉会受到最近发生的事情或大事件的强烈影响。即使有大量的数据，也会被最近的数据或显著的变化影响。因此，数据的分析结果会和直觉有所不同。

但是，不能因为不一致，就认为数据分析的结果是不正确的，可能有时会收集到带有偏见的数据。重要的是，明确为什么会不一致，分析错误出在哪里，原因是什么。

## 统计数值很方便，但也有看不出来的信息

比如，会员制网站中把会员分为以下 3 类，然后决定把重点放在符合条件的会员类型上进行促销活动。

- 50 岁以上的老年人。
- 30 ~ 50 岁的中年人。
- 30 岁以下的年轻人。

从下一页的图中可以看出，各店铺的重点会员类型一目了然。按平均年龄来看，中央区的重点会员类型是中年人。但是，在实际生活的直觉中，顾客的年龄更高，这是怎么回事呢？

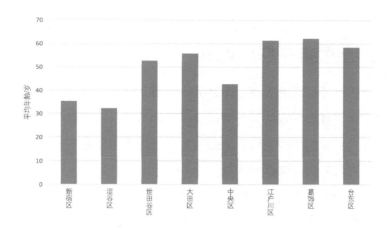

根据会员制网站各地区会员的平均年龄制作的柱形图

详细观察统计数据的内容，就可以明白不一致的原因。下图不是求中央区会员年龄的平均值的图，而是把年龄进行分类制作的图。观察下图可以看出，占比最多的是老年人。统计数值能够清楚地知道数据的特征和特殊性，非常方便，但是这种情况下也会有看不出来的信息，这一点需要注意。

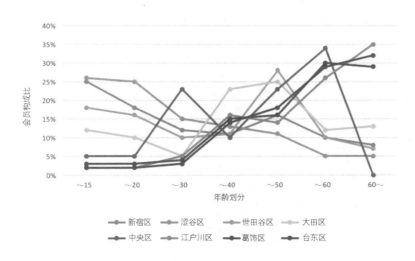

根据会员制网站各地区会员的年龄划分和会员构成比制作的折线图

## 警惕向好的方面诱导的图表

图表有助于直观地理解数据，但是另一方面，制作图表的人能够有目的地按照自己的主张诱导观看图表的人。可以通过只展示对自己有利的合计或统计数值等完成诱导，并且在制作图表时，通过改变计量标准可以使图表产生很大变化或差别，可以说更容易诱导阅读图表者。

比如，下一页中2个图表的原始数据统计结果是一样的，但是第一眼看的时候对2者的印象大为不同。能够看出图2中各地区的平均年龄差非常大。要想强调各地区平均年龄不同的时候，用这种图表很有效（情况不同，各有利弊）。

即使制作图表的人不是有意的，有时不经意间也会把自己想要表达的信息制作成趋势良好的图表。为了避免这种情况，阅读图表者要参照原始数据统计结果的数值或相关统计数值，必须确认图表中没有夸张的成分。

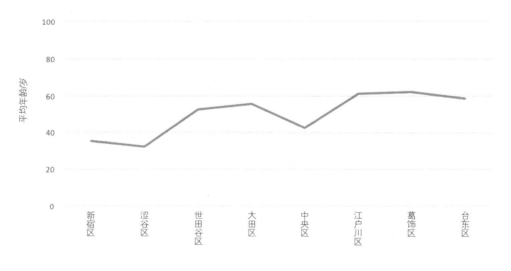

会员制网站各地区的平均年龄（图1）

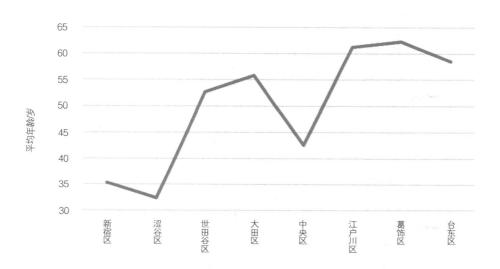

平均年龄/岁

新宿区 涩谷区 世田谷区 大田区 中央区 江户川区 葛饰区 台东区

**会员制网站各地区的平均年龄（图2）**

# 第5章
# 用实例解读分析的要点

- ## 探寻畅销的主要原因
  ——SNS的付费软件是怎样一种商品，为什么这么畅销？

- ## 明确滞销的主要原因
  ——新闻发布服务中的会员为什么不登录？

- ## 竞争者调查
  ——商业信息网站的竞争对手的顾客具有怎样的倾向？

- ## 制作新闻的调查
  ——把关于个人信息泄露事件的问卷调查与新闻公告相结合会怎么样？

- ## 调查满意度
  ——怎样评价社交游戏的顾客满意度？

- ## 调查新服务的需求
  ——电子商务网站的高级会员中有多少人会登录？

- ## 调查便捷度
  ——怎样能使网页登录变得更加容易？

# 探寻畅销的主要原因

## ——SNS 的付费软件是怎样一种商品，为什么这么畅销？

有一些方法可以用来探寻商品或服务畅销的原因。这里以 SNS 服务为例，给出本公司商品的价格、功能、宣传活动等有关项目，尝试探寻畅销产品和滞销产品之间的差别以及相似之处。

## SNS付费软件的实例

SNS 本身是免费的，依靠收费软件提升销售额。应用软件发送消息时使用的工具，包括贴图和备忘录两种。

- 贴图→能够和文本信息一起发送的图案（如某角色的漫画等）。表现为在信息的旁边有某角色的漫画的功能。
- 备忘录→表示为设计好的格式中收纳信息文本的功能。

把人物的设计应用于贴图或备忘录中，这里使用的人物叫作名人。
作为项目来统计的包括名人的种类、软件的价格、功能，详细情况如下所示。

**1．名人。**

- 后退君。

- 普林奇皮亚。

- 蒙昧王。

**2．软件的价格。**

- 100 日元。

- 150 日元。

- 200 日元。

**3．功能。**

- 贴图。

- 备忘录。

**4．软件的种类。**

- 后退君 S（使用后退君角色的贴图，下同）。

- 普林奇皮亚 S。

- 蒙昧王 S。

- 后退君 M（使用后退君角色的备忘录，下同）。

- 普林奇皮亚 M。

※ 因为蒙昧王是有特征的角色，所以根据权威人士的指示没有把备忘录商品化。

价格会随着宣传活动发生波动。所以即使是同样的商品，价格有时也会因为所处时间不同而不同。

| 软件的种类 | 平时的销售价格 | 宣传活动时的价格 |
|---|---|---|
| 后退君 S | 200 日元 | 100 日元 |
| 普林奇皮亚 S | 150 日元 | 100 日元 |
| 蒙昧王 S | 200 日元 | 100 日元 |
| 后退君 M | 200 日元 | 100 日元 |
| 普林奇皮亚 M | 100 日元 | 100 日元 |

## 把握大体趋势

首先，为了把握大体趋势，可制作图表，然后在其中选出具有以下特征的数据。

- 各名人商品销售额的构成比。
- 各价格销售额的构成比。
- 各功能销售额的构成比。

大量制作、比较图表是判明趋势的基础。在观察趋势时，项目排列一样的话就会简单易懂，开展工作也会变得容易。

各名人商品的销售额和各价格的销售额都是 1 个数据系列，时间序列等没有一定的方向性，所以使用柱形图。

各功能的销售额是 1 个数据系列，并且只有 2 个项目，所以制作成直观易懂的饼图。

各名人商品、各功能的构成比是比较 2 个数据系列，所以使用折线图。

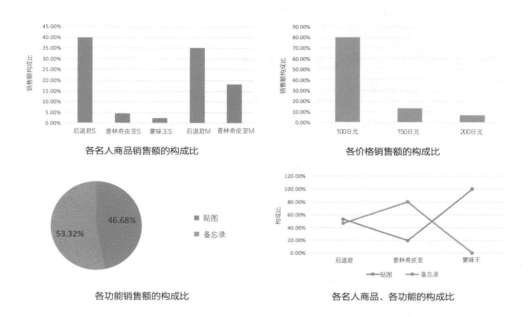

各名人商品销售额的构成比

各价格销售额的构成比

各功能销售额的构成比

各名人商品、各功能的构成比

从这些图表中可以看出以下信息。

- 销售额最高的商品是后退君 S，排第二位的是后退君 M。排名前两位的商品占整体的 70% 以上。
- 名人商品中销售额最高的是后退君，占整体的 70% 以上。
- 功能中畅销的是备忘录，约占整体的 53%，取决于普林奇皮亚备忘录的众多销量。后退君的贴图销售额很高。
- 最畅销的价格是 100 日元，约占整体的 80%。

后退君的角色和价格设定很有可能影响销售情况。

## 尝试详细观察要素之间的关系

接下来让我们更加详细地观察价格和销售额之间的关系。特别是把重点放在占销售额多数的 100 日元商品上，尝试比较价格为 100 日元时和其他价格时的销售额。因为要比较多个数据系列，所以使用折线图。

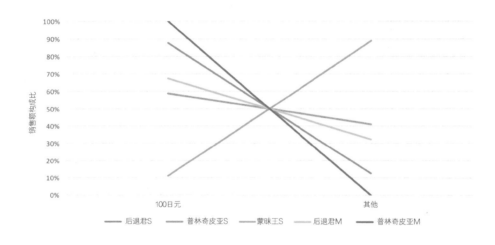

100 日元时和其他价格时各名人商品的销售额

从图表中可以看出，以后退君为首的大多数名人商品在 100 日元时呈畅销趋势。

相反，只有蒙昧王的销售额减少了。这可能是因为蒙昧王有特殊的地方。可以假设是以下原因：

- 由于价格降低，后退君和普林奇皮亚的销售额能够增长。
- 蒙昧王呈现出和其他名人商品不同的趋势，有可能是因为蒙昧王是唯一以成年男性为消费目标的名人商品，且价格弹性小等。

价格弹性是表示对价格波动引起的市场需求变化程度的衡量标准。某产品价格上涨时需求大量减少的话，就可以说其价格弹性大。相反，在价格的波动和需求基本没关系的情况下，就可以说价格弹性小。付费应用几百日元的价格差别，对于成年人的购买力来说不能成为影响其购买的主要原因，这种可能性比较大，所以可以说价格弹性小。

用这种形式研究、锁定畅销的主要原因，能够得到更加具体的汇总结果和结论。

# 明确滞销的主要原因

—— 新闻发布服务中的会员为什么不登录？

调查滞销的主要原因（非购买原因）需要下些功夫。我们能够从购买记录或会员组织等渠道获得购买者的信息，但是没有非购买者的购买记录以及可以取得联系的信息。尽管如此，还是有几个方法可以用来调查滞销的主要原因。

## 把非购买者分成三类进行调查

即使是简单的不畅销，也可分为过去买过但现在不购买了的顾客和本来就没有购买过的顾客。尝试把非购买者划分为几个类型来考虑吸引顾客的方法。

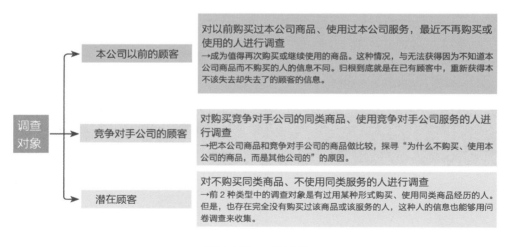

非购买者的 3 种类型

**1. 对以前购买过本公司商品、使用过本公司服务，但最近不再购买或使用的人进行调查。**

成为值得再次购买或继续使用的商品。这种情况，与无法获得因为不知道本公司商品而不购买的人的信息不同。归根到底就是在已有顾客中，重新获得本不该失去却失去了的顾客的信息。

**2. 对购买竞争对手公司的同类商品、使用竞争对手公司服务的人进行调查。**

虽然是这种商品或服务的购买者，但不是本公司的顾客。把本公司商品和竞争对手公司的商品做比较，探寻"为什么不购买、使用本公司的商品，而是其他公司的"的原因。

**3. 对不购买同类商品、不使用同类服务的人进行调查。**

前2种类型中的调查对象是有过用某种形式购买、使用同类商品经历的人。但是，也存在完全没有购买过该商品或使用过该服务的人，这种人的信息也能够用问卷调查来收集。

以上3种方法是根据目的对调查对象分类进行信息调查的，有时也为了得知所有信息。

在拥有大规模监测器的网络问卷调查服务中，预先进行调查，能够帮助锁定调查对象。

并且，如果公司自己的网站已经拥有相应的揽客能力，或能够在电子杂志、Twitter、Facebook等平台上发布通知的话，也可以在这些地方收集信息。

## 新闻发布服务的实例

这次我们把在网上进行新闻发布服务作为例子来研究。

这个服务，采取免费会员制，即使非会员也能够阅读一部分新闻报道，但是想要阅读完整的新闻就必须进行会员登录。

新闻报道在以下时间更新，快速报道随时更新。

- 上午 7 点。
- 上午 10 点。
- 中午 12 点。
- 下午 3 点。
- 下午 10 点。

报道的种类如下图所示。

| 种类 | 说明 |
|------|------|
| 快报 | 精短而且时效性高的新闻 |
| 天气 | 实时天气和天气预报 |
| 政治 | 政治相关新闻 |
| 国际 | 国际新闻 |
| 地方 | 每个地方的地方性新闻 |
| 文娱 | 文娱相关的新闻 |

# 把握大体趋势

为了解阅读到一半但不进行会员登录的原因，决定收集这些会员过去的阅读 / 登录记录。为了把握大体趋势，首先制作关于报道种类，一周中每天、各时间点登录率的图表，观察趋势。因为只有 1 个数据系列，所以使用柱形图。

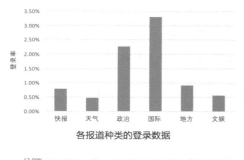

各报道种类的登录数据

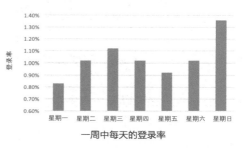

一周中每天的登录率

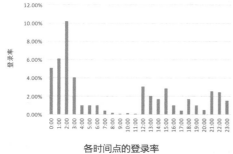

各时间点的登录率

因为各时间点的登录率中的项目数量很多，为了使之更加浅显易懂，分为上午、午休、下午、下班后、深夜 5 个时间段。

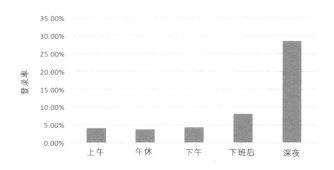

把各时间点的登录率整理为各时间段后制作的柱形图

由这些图表可以看出以下信息。

- 登录率高的种类是国际与政治，低的种类是天气。
- 星期日的登录率最高。
- 深夜时间段的登录率很高。

登录率归根到底只是比例，所以仅仅登录率高，而作为绝对数的登录人数少，对于会员人数的增加也不起作用。下图为关于各种报道登录人数的图表。

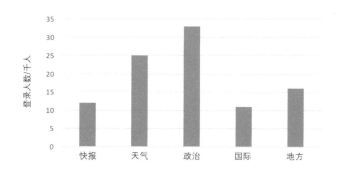

观察前面关于登录人数的图表可以看出，政治的登录人数最多，天气排在第二位，登录率中排名靠前的政治的登录人数也很多；相反，登录率高的国际的登录人数较少，登录率低的天气的登录人数很多。

## 确认项目间的相互影响

接下来研究项目间的相互关系，同时，根据加入访问数据（分为 5 个等级，数字越大访问量越多）的图表确认项目间的相互影响。因为要比较多个数据系列，所以使用折线图。

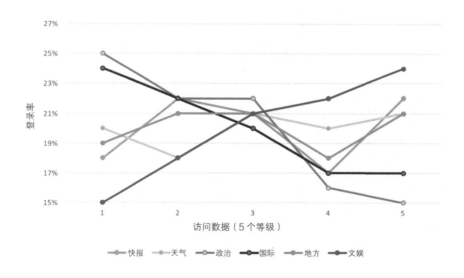

各报道种类、各访问数据的登录率

从报道种类和访问数据的关系中，可以看出以下趋势。

- 访问数据多时，国际和政治新闻的登录率就低，文娱的登录率就高。
- 访问数据少时，国际和政治新闻的登录率就高，文娱的登录率就低。

接下来，把报道种类和一周中每天的关系制作成图表来观察。

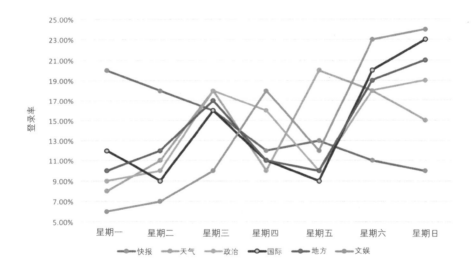

各报道种类、一周中每天的登录率

这样看来，国际、政治、地方的登录率呈现出相似的趋势。着眼于"星期日时登录率提高"这一点来看的话，不只国际、政治、地方，文娱的登录率也有上升的趋势。

星期一时除快报以外，其他种类的登录率都变低了，并且星期五时除天气以外的其他种类登录率也都变低了。与此相反，星期日时快报和天气以外的其他种类的登录率都达到了最高。

把从图表中获取的信息进行整理，可以得到以下信息。

- 下班后、深夜的登录率高。

  相反，白天、上班时的登录率低。

- 星期一时，快报以外的报道的登录率低。

  星期五时，天气以外的报道的登录率低。

  星期日时，快报和天气以外的报道的登录率最高。

- 访问数据多的话，国际和政治新闻的登录率就低，文娱的登录率就高。

  相反，访问数据少的话，国际和政治新闻的登录率就高，文娱的登录率就低。

## 整理会员不登录的主要原因

从前面的信息中，可以推测会员不登录的主要原因（非购买原因）可能有以下几种。

- 在登录率最高的时间段没有发布新闻，可能影响了整体登录率的上升。

- 由于报道种类和一周中每天不同时间点，登录率也不一样。这还可能是因为阅读方式不同而引起的差别。有仔细阅读报道的、浏览报道的，还有想要根据天气来做某些准备而检索新闻报道的。

- 仔细阅读新闻报道的内容，如国际、政治等，在平日里白天阅读时希望会员登录可能会很难。

  相反，平常阅读快报、天气时，希望会员登录可能会有效。
- 着眼于访问数据和登录率的关系，比起大多数人关心的新闻报道，访问数据虽然少但会员密切关注的消息的登录率可能更高。

以上面的信息为基础，还能够进行更加详细的分析，并可以尝试采取一些实验性的措施。比如，增加访问数据虽然少但能够得到会员密切关注的新闻报道，然后明确登录率等。

# 竞争者调查

## ——商业信息网站的竞争对手的顾客具有怎样的倾向？

了解自己公司的情况后，接下来便要了解竞争对手的情况。虽然，直接获得关于对方的信息很困难，但是可以从本公司的顾客、市场调查或各种资料中间接地获取信息。

## 商业新闻服务的实例

现在我们一起来学习一种方法，这种方法是从商务新闻服务的各会员的登录信息中获取竞争对手的信息。虽然局限于本公司的顾客会有一定程度的偏差，但是在考虑假设竞争对手信息时可以作为一个参考标准。

登录时，让会员填写其正在使用的其他服务，尝试比较这些竞争网站的会员的年龄和职业分布。收集与以下 4 个网站相关的信息。

- 商务网站 X。
- K 商务。
- 商务导航 V。
- 商务评论。

## 检查竞争特征明显的图表

首先，进行单一统计或分类统计，选出趋势不同的图表。这里选出了我认为竞争特征非常明显的 2 个图表。因为要比较多个具有竞争关系的网站的趋势，所以使用折线图。

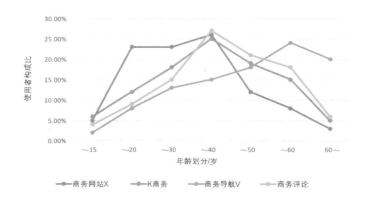

具有竞争关系的网站的用户的年龄分布

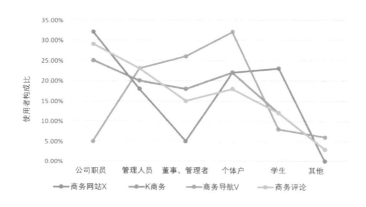

具有竞争关系的网站的用户的职业分布

K 商务和商务评论呈现出相似的分布趋势，商务网站 X 和商务导航 V 的分布趋势各有各的特征。特别是商务导航 V，是一条相当有特点的曲线。

## 尝试把竞争者调查的结果和业界平均值进行比较

新闻网站有业界平均值，是由每年对新闻网站所有的使用者进行 1 次实际情况调查得到的。尝试把实际情况调查的结果和本公司收集到的数据进行比较，就能够了解拥有一般趋势（接近业界平均值的曲线）的顾客的竞争对手网站和拥有特殊属性顾客的竞争对手网站的情况。

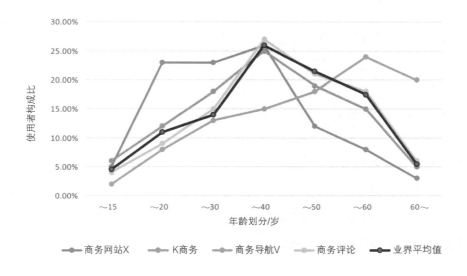

具有竞争关系的网站的用户的年龄分布（附业界平均值）

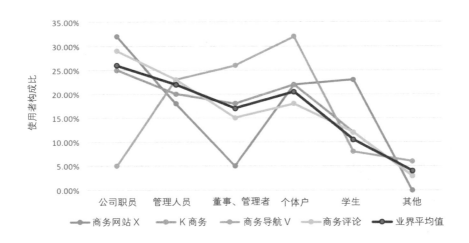

具有竞争关系的网站的用户的职业分布（附业界平均值）

从这些图表中可以看出以下信息。

- K 商务和商务评论拥有接近业界平均值的顾客。
- 商务网站 X 和商务导航 V 的顾客没有接近业界平均值。

对于 K 商务和商务评论，通过观察业界平均值或许就可以了解其趋势。

对于商务网站 X 和商务导航 V，通过调查顾客的身份不同给访问和收益带来了哪些不同，可能会从中获取新的信息。比如，商务网站 X 的利润率很高的话，也许能够从顾客特征上找到原因。

按照这样的步骤，能够推测出竞争对手的顾客的信息。虽然是在调查竞争对手的情况，但最终是以本公司网站的使用者作为服务对象，因此笔者认为调查类目最好不要超出参考信息的范围。

# 制作新闻的调查

—— 把关于个人信息泄露事件的问卷调查与新闻公告
相结合会怎么样？

在网络中，各种各样的新闻源源不断。其中一些新闻是企业等通过自己调查得出的，一些新闻是通过利用网络调查问卷等进行调查得出的，还有一些是在本公司促销活动等活动中有效发挥作用的新闻。

## 以制作新闻为目的进行调查的2种题目

以制作新闻为目的进行调查的题目大体可以分为 2 类。

**1．和本公司商品、服务有直接关系的调查。**

这类调查的优点是能够直接接触到对本公司商品或服务感兴趣的人。

一般认为，吸引顾客的方法是把概要报告作为新闻公告进行发布，在互联网上无偿公开。在人们用电子邮箱等登录之后，能够下载详细报告，这样同时还能够制作潜在顾客的名单。

**2．目标顾客可能感兴趣的调查。**

这类调查不局限于本公司，是关于一般题目的调查。经常见到的是关于本公司商品或服务所属的市场或社会情况的调查，比如下面的调查就属于这种情况。

- 本公司商品是手写板时，用调查来明确手写板的用途。
- 制作杀毒软件的公司进行关于网络安全的看法调查或实际情况调查。

因为是一般题目的调查，能够让众多目标顾客访问报告，调查就是有价值的。提高新闻公告在新闻网站等媒介被阅读的概率，或者将新闻公告在雅虎等门户网站上登载，有利于提高公众对本公司名称等的认知度。

推销中立即达成交易可能很困难，但是如果能将顾客从公开报告的网站巧妙地引导到介绍本公司商品或服务的网页，达成交易可能更容易。

下面就是这样的例子。

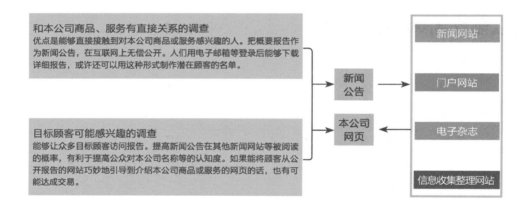

# 吸引更多人关注的5个条件

用目标顾客可能感兴趣的题目进行调查时，因为意在和广泛的被调查者取得联系，所以必须用吸引更多人关注的题目。比如，满足下面几个项目的题目。

调查题目的注意事项

| 目标顾客可能感兴趣的调查 | → | 和多数人感兴趣的市场、社会现象、事件相关 |
| --- | --- | --- |
| | | 时机合适 |
| | | 在其他地方没有数据 |
| | | 调查结果中出现特殊数值 |
| | | 与一般想法或常识相反的假说或结果 |

吸引更多人关注的题目的条件

**1. 和多数人感兴趣的市场、社会现象、事件相关。**

比如，以下面的题目为例。

- 经常使用的智能手机应用。
- 受欢迎的角色。
- 金融商品的实际利率（很多人在外汇等方面有过亏损，所以会调查实际情况，观察平均值）。

- 贫困年轻人生活的实际情况。
- 民众对于大公司个人信息泄露事件的反应。

## 2. 时机合适。

调查民众对于几天前发生的事件的反应、调查社会基本规则变化前后的购买行动等，这样的调查属于适时的调查。

## 3. 在其他地方没有数据。

在其他地方没有数据，如果是很多人感兴趣的标题，不仅会有很多会员登录，甚至会被转载进而新闻化，影响力可能会以惊人的速度扩大。

虽然是飞速发展的市场，但是还没有市场规模和能够预测将来的数据时，假如以问卷调查等为基础收集数据的话，可以期待吸引更多人的关注。相反，虽然现在市场规模小，但对今后发展的可能性置之不理的市场，其相关数据可能也很引人注目。"期待面向老年人的平板电脑拥有的功能"这样的调查题目符合这种情况。

## 4. 调查结果中出现特殊数值。

把市场规模、增长率、市场份额、满意度等数值化之后，更容易吸引大多数人的注意。所以，在调查结果中准备一些带有数值的题目和问题是有必要的。

**5. 与一般想法或常识相反的假说或结果。**

具有意外性的结果容易吸引人们的注意。

# 关于个人信息泄露事件的问卷调查实例

这里以关于个人信息泄露事件的问卷调查为实例进行研讨。下面是前提条件。

- 对销售网络安全相关商品的公司进行调查。
- 对于最近发生的事件及时调查社会的反应。
- 为了在短时间内能够得到更多的回答，问题设置要尽量短小简练。
- 尽量把调查结果数值化。
- 问卷内容不是谴责发生问题的公司，而是起到警示作用。

具体以最近发生的 A 教育产业股份有限公司个人信息泄露事件为例，问题如下一页中给出的例子那样短小简练。

| 关于公司

□ 不知道　　　　□ 知道公司名称，但不了解业务内容

□ 了解公司的业务内容
（享受过服务或现在正在享受服务的顾客请选择以下选项）

□ 享受过服务　　□ 正在享受服务

对于此次事件请分别选择与你印象最接近的 1 个选项。

| 数据管理情况

□ 非常不好　　　□ 不好　　　□ 一般　　　□ 好　　　□ 非常好

| 事件发生后处理的速度

□ 非常不好　　　□ 不好　　　□ 一般　　　□ 好　　　□ 非常好

| 对被害人的安抚

□ 非常不好　　　□ 不好　　　□ 一般　　　□ 好　　　□ 非常好

| 事件发生后的信息公开

□ 非常不好　　　□ 不好　　　□ 一般　　　□ 好　　　□ 非常好

| 关于处理对策的综合评价

□ 非常不好　　　□ 不好　　　□ 一般　　　□ 好　　　□ 非常好

| 你想使用这个服务吗?

□ 想　　　　　□ 有点想　　　□ 一般　　　□ 不太想　□ 不想

关于个人信息泄露事件的问卷调查的问题

委托网络问卷调查公司进行问卷调查的话，可以事先锁定特征等信息，所以能够简单迅速地进行调查。

并且，登录网络问卷调查公司的被调查人（评论员），在回答问题之前就已经登录了自己的基本特征（性别、年龄等），所以在问卷调查中不用重新询问也能够获得与特征相关的信息。

## 从调查结果中了解要点

实施问卷调查，从统计结果图表化、整理趋势得到的结果中可以得知以下几个要点。

**1．各项目的满意度。**

首先来看各项目的满意度。使用的是适合比较多个数据系列的折线图。

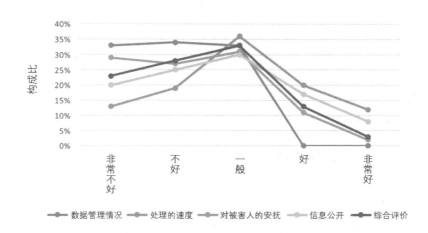

各项目满意度的构成比

被调查人对"处理的速度"的评价虽然高，但是对"数据管理情况"的评价却极低，如实地展现出这次的泄漏事件是否和该公司管理状态的负面评价密切相关。

在折线图中观察整体评价的趋势，可以看出其偏向于负面评价。

## 2．认知度。

接下来观察认知度。为了更加突出各属性的特征，决定观察顾客／原顾客和非顾客之间的差别。

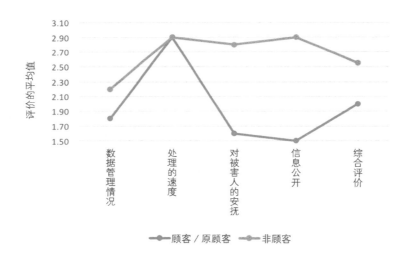

顾客／原顾客与非顾客的评价差异（平均值）

从上图可以非常明显地看出差别。从中该公司意识到自己已经失去了顾客（包括原顾客）的信任。一般来看，正因为调查对象是顾客，所以能够更加切实地捕捉到问题，从而评价变得很严格。

### 3．今后的使用意向。

"今后还想继续使用 A 教育产业股份有限公司的商品或服务吗？"关于这个问题的调查结果，因为只有 1 个数据系列，时间序列等没有一定的方向性，所以使用柱形图来图表化。

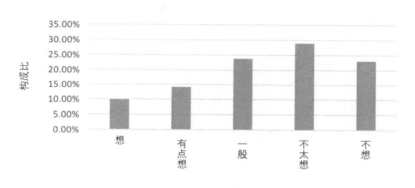

使用意向的构成比

"还想使用吗？"对于这样的问题，回答"不太想""不想"的比率较高，这是非常消极的反应。

接下来观察顾客（包括原顾客）和非顾客之间的差别。因为要比较多个数据系列，所以使用折线图。

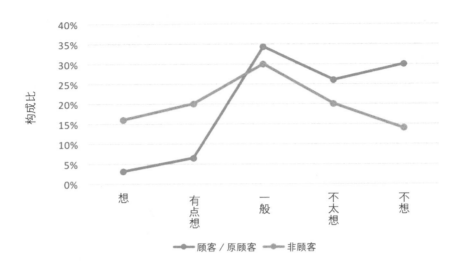

顾客／原顾客与非顾客使用意向的差别

从上图可以看出，顾客（包括原顾客）的消极反应很明显。对于企业，特别是以顾客信赖关系为重的企业来说，失去已有顾客是很大一笔损失。

使用这种标题的调查问卷询问使用意向也不一定是妥当的。因为题目本身在使用意向调查中可能会引起消极反应。

## 推断顾客丧失风险和受损金额

假如在顾客（包括原顾客）的使用意向中，回答"想要使用"和"不想"的人的构成比（30%）直接关系到顾客的丧失时，用该公司全体顾客人数乘以30%，就可以计算出顾客丧失的预估风险。

假如顾客获得费用（该公司的顾客信息被信息贩卖者贩卖时的价格）是15万日元，将之和预估顾客丧失人数相乘，就可以计算出该公司的损失金额。

- 该公司的顾客人数→约236万人（由新闻报道等得知）。
- 推断顾客丧失风险→70.8万人。
- 由以上两项预估损失金额→100亿日元以上。

"推断顾客丧失风险70.8万人，折合金额为100亿日元以上。"为激起危机感，可以在新闻公告中使用这样的语言。

在设计调查问卷的问题时，尽可能使消极的反应一目了然，这也是很重要的一点。具体来说，就是在询问对事件印象的调查问卷中要把消极选项放在前面。

# 调查满意度
## ——怎样评价社交游戏的顾客满意度?

调查顾客满意度的方法有很多，但经常用的方法是让顾客自己直接在问卷上确认满意度。这时必须要注意的是把满意度分为 5 个等级让顾客来评价，然后说明趋势。

这里以系列化的社交游戏的满意度为例进行探讨。

## 通过询问收集数据，然后制作图表

本书中曾多次提到，询问满意度宜用矩阵型提问方法来收集数据。

首先，统计矩阵型问题，然后制作成适合比较多个数据系列的折线图。同时，取定距尺度的满意度的平均值，制作成单一的柱形图来观察。

请从符合各项目的选项中选择 1 项

|  | 非常满意 | 满意 | 一般 | 不满意 | 非常不满意满 |
|---|---|---|---|---|---|
| 人物角色 | ☐ | ☐ | ☐ | ☐ | ☐ |
| 条款 | ☐ | ☐ | ☐ | ☐ | ☐ |
| 难易程度 | ☐ | ☐ | ☐ | ☐ | ☐ |
| 有趣程度 | ☐ | ☐ | ☐ | ☐ | ☐ |
| 综合评价 | ☐ | ☐ | ☐ | ☐ | ☐ |

调查社交游戏的顾客满意度的问题

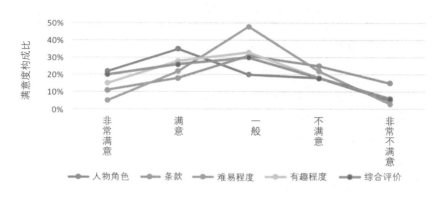

满意度评价

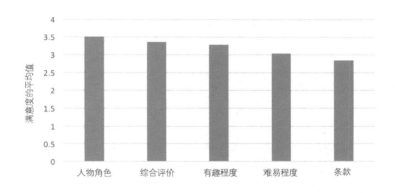

满意度评价的平均值

# 与之前的作品、上一季度的数据、竞争对手等做比较

很难评价，出现的各种结果，因为并没有绝对的基准。因此，与之前制作的作品、上一季度的数据或竞争对手等做比较，就会有头绪。

下图是与之前作品进行比较的图表。因为是 2 个数据系列，平均值是量的数据，所以可以制作成散点图进行比较。高出红色斜线的散点是本次作品满意度较高的项目。

和之前的作品相比，观察难易程度的话，可以看出整体的满意度呈上升趋势。人物角色的满意度上升得最明显。

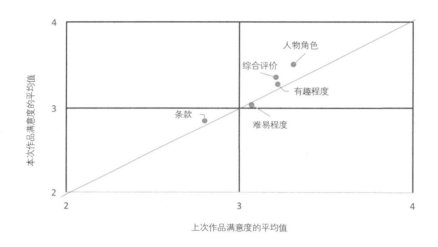

比较上次作品与本次作品满意度平均值的图表

同样，下图是与有竞争关系的游戏进行比较的图表。可以看出，虽然本公司的综合评价并不低，但除了难易程度，其他项目的满意度均比竞争对手要低。

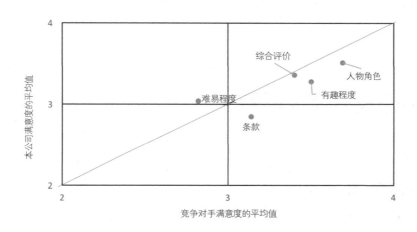

比较本公司和竞争对手满意度平均值的图表

综上可以得出以下结论。

- 在和之前作品的比较中，难易程度的满意度有所提高，有所改善。特别值得一提的是人物角色的满意度有很大提高。
- 与有竞争关系的游戏相比，可以看出本公司游戏整体的满意度很低，还需要继续改善。

# 调查新服务的需求

—— 电子商务网站的高级会员中有多少人会登录？

## 把商品或服务投入被限定的市场，观察反馈

市场能够容纳多少现在还不存在的商品或服务？现在还没有确切的方法可以知道这个问题的答案。但据说其中比较有效的方法是试销，也就是把商品或服务投入被限定的市场，观察反应。

在一部分互联网服务中，试销很容易实施。在真正的服务中，承担责任的系统和网页等需要自动生成或处理，能够限定使用人数、能够手动发布而不是自动发布，有这种条件的情况下，就可以方便有效地运用试销。

测试发行时，无需问卷调查，能够直接观察真实的订单或访问状态，而且还可以从记录中明白以下问题。

- "预先设想的导线起作用了吗？"
- "有采取预料之外行动的使用者吗？"
- "使用者在哪里遇到困难了呢？"

# 计划在电子商务网站实施高级会员制的实例

这里以计划在电子商务网站实施高级会员制的事件为例进行探讨。成为高级会员后，有时会免去一部分商品的运费，有时可以获得只有高级会员才能享受的大甩卖的邀请等优惠。

"本来每月会费是 300 日元，在宣传活动期间成为会员的话，从入会开始起半年内免收会费。"通过给予入会优惠来招募会员。

在电子商务网站的网页中，与此次通知相关的网页一共有 10 页，能够直接登录到网页的链接有 3 页。

相关网页

| 头条 | 厨房 |
| 宣传活动 | 户外 |
| 通知 | 书籍 |
| 家电 | 流行 |
| 电脑 | 体育 |

| 头条 |
| 宣传活动 |
| 通知 |

高级会员登录页面

电子商务网站的页面

在网站首页登录和在有直接链接的网页登录的人数如下图所示。这个实例中有 1 个数据系列，时间序列等没有一定的方向性，所以使用柱形图。

从网站首页登录的人数

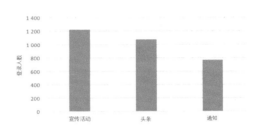

从有直接链接的网页登录的人数

网站首页的登录率

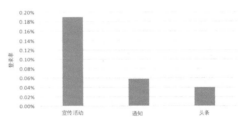

有直接链接的网页的登录率

# 根据统计结果计算登录率和期望值

把各网页过去一年的访问数据和登录率相乘，就能够估算出过去一年间的登录人数。当然，实际上随着时间的推移登录率会下降，所以这只是粗略估算的方法，可以作为一个大概标准。

这个例子中，整体的登录率是 0.07%，一年期间总的访问数据约为 45 000 000，所以可以估算出有 31 500 名会员登录。

这个例子中，有直接链接的网页有 3 个，为了直观易懂，链接很多时制作成下面的图表的话，一眼就可以看出登录率虽然高但访问数据很少的网页。

由有直接链接的网页的访问数据和登录率制作的散点图

在这个例子中，宣传活动页面是这样的：由增加网页的访问数据，来预估登录人数的增加。

宣传活动网页的登录率是 0.19%，即 10 000 个访问数据中，会有 19 人登录。如果访问数据增加到 10 000 000，预计会增加到 19 000 人登录。

# 调查便捷度

## ——怎样能使网页登录变得更加容易？

## 好用程度的标准

对于以网络服务为首的各种各样的服务或商品来说，一个重要的因素就是便捷度（好用程度）。作为好用程度的标准，包括以下几个方面。

- 完成目标工作所需的时间。
- 发生错误的次数。
- 工作本身的完成率。
- 满意度。
- 使用频率。

其中影响最大的是完成目标工作所需的时间和发生错误的次数，也就是说能否高效地完成工作。

## 观察停留时间、错误次数和登录率

在网络提供服务的情况下，到达目标网页或登录页面所花的时间，能够通过运行记录计算出来。这里以上一小节中商务网站高级会员的登录为例，来研究跳转到登录页面所花的时间与出现的错误。

预先设想的主要过程是从宣传活动页面进入登录页面，从广告等的通知中弹出的是宣传活动网页。

最先访问的网页不是宣传活动页面的情况下，首先尽可能地向写有高级会员说明的宣传活动页面进行引导。

那么接下来要观察以下几点。

- 登录者在宣传活动页面停留的时间。
- 在登录页面的停留时间、错误次数和登录率。

登录者在宣传活动页面的停留时间是 1 个数据系列，时间序列等没有一定的方向性，所以使用柱形图。

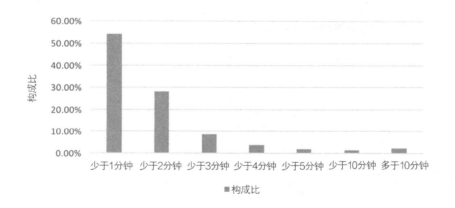

登录者在宣传活动页面中停留时间的构成比

因为要比较登录页面的错误次数与登录率这 2 个数据系列，所以使用折线图。

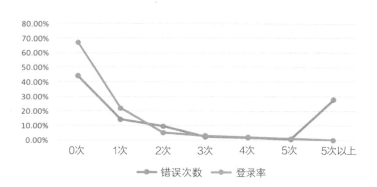

登录页面的错误次数与登录率

同样，登录页面的停留时间与登录率也制作成折线图。

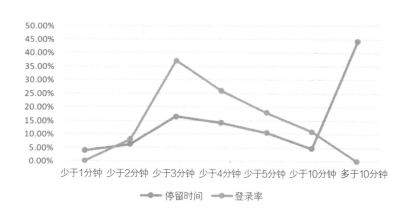

登录页面的停留时间与登录率

从这些图表中可以看出以下信息。

- 在宣传活动页面的停留时间越短，登录率越高。
- 在登录页面的停留时间为 3 分钟左右时登录率较高，停留 10 分钟以上的登录率为零。
- 登录页面的错误次数为 0 时登录率最高，随着错误次数的增多，登录率呈降低趋势，错误次数超过 5 次登录率为零。
- 登录页面的停留时间在 10 分钟以上的非常多，通过观察可以看出这与登录者的分布相似。
- 登录页面的错误次数中，"5 次以上"排在第 2 位，除此之外，其他错误次数和登录率的分布基本一致。

登录页面中存在容易出错的某些因素，所以错误次数增多、停留时间延长、登录率降低可能和这些因素有关。

## 错误之处

接下来观察错误出现的项目，如下图所示。因为是 1 个数据系列，项目没有特定的方向，所以制作成柱形图。

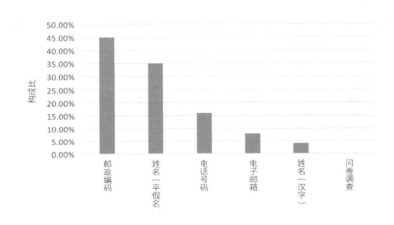

错误发生项目的构成比

从上图可以看出，姓名（平假名）和邮政编码的输入过程中错误出现得最多。

详细探究错误的内容时，可以发现使用者输入平假名的字数比想象中要多，从而出现不能登录的问题。

因为邮政编码的设定为只能输入数字，所以输入带连字符的内容就会出现错误。

修复这些问题，减少使用者登录的错误次数，就能够实现顺利登录。

以上列举了各种各样的例子来对图表化和分析进行说明。归根到底，这里列举的都是虚构的例子，数据的项目有限。在实际进行数据分析时一定会遇到更多的数据项目作为研究对象。但是，即使数据项目再多，基本道理也是一样的。有效锁定必要的项目，把握趋势，导出结论。